技工院校一体化课程教学改革电子技术应用专业教材

模块电路装配与调试

人力资源和社会保障部教材办公室组织编写

中国劳动社会保障出版社

内容简介

本书主要内容包括直流稳压电源的装配与调试、逻辑笔电路的装配与调试、小功率 LED 恒流源调光灯的装配与调试、PID 控制磁悬浮电路的装配与调试四个学习任务。

图书在版编目（CIP）数据

模块电路装配与调试/人力资源和社会保障部教材办公室组织编写. —北京：中国劳动社会保障出版社，2016

技工院校一体化课程教学改革电子技术应用专业教材

ISBN 978 - 7 - 5167 - 2749 - 2

Ⅰ.①模…　Ⅱ.①人…　Ⅲ.①电子电路-组装-技工学校-教材②印刷电路-调试方法-技工学校-教材　Ⅳ.①TN70

中国版本图书馆 CIP 数据核字（2016）第 226054 号

中国劳动社会保障出版社出版发行

（北京市惠新东街 1 号　邮政编码：100029）

*

北京市艺辉印刷有限公司印刷装订　　新华书店经销

787 毫米×1092 毫米　16 开本　11.75 印张　207 千字

2016 年 11 月第 1 版　　2016 年 11 月第 1 次印刷

定价：22.00 元

读者服务部电话：（010）64929211/64921644/84626437

营销部电话：（010）64961894

出版社网址：http://www.class.com.cn

http://zyjy.class.com.cn

技工院校一体化课程教学改革教材编委会名单

编审委员会

编审人员

主　编：梁国均

副主编：李爱丽

参　编：赵树明　席雪莲　龙　毓

主　审：朱彦齐

■ 序

习近平总书记指示："职业教育是国民教育体系和人力资源开发的重要组成部分，是广大青年打开通往成功成才大门的重要途径，肩负着培养多样化人才、传承技术技能、促进就业创业的重要职责，必须高度重视、加快发展。"技工教育是职业教育的重要组成部分，是系统培养技能人才的重要途径。多年来，技工院校始终紧紧围绕国家经济发展和劳动者就业，以满足经济发展和企业对技术工人的需求为办学宗旨，既注重包括专业技能在内的综合职业能力的培养，也强调精益求精的工匠精神的培育，为国家培养了大批生产一线技能劳动者和后备高技能人才。

随着加快转变经济发展方式、推进经济结构调整以及大力发展高端制造业等新兴战略性产业，迫切需要加快培养一批具有精湛技能和高超技艺的技能人才。为了进一步发挥技工院校在技能人才培养中的基础作用，切实提高培养质量，从2009年开始，我部借鉴国内外职业教育先进经验，在全国130余所技工院校先后启动了两批共计15个专业（课程）的一体化课程教学改革试点工作，推进以职业活动为导向，以校企合作为基础，以综合职业能力培养为核心，理论教学与技能操作融合贯通的一体化课程教学改革。这项改革试点将传统的以学历为基础的职业教育转变为以职业技能为基础的职业能力教育，促进了职业教育从知识教育向能力培养转变，努力实现"教、学、做"融为一体，收到了积极成效。改革试点得到了学校师生的充分认可，普遍反映一体化课程教学改革是技工院校一次"教学革命"，学生的学习热情、综合素质和教学组织形式、教学手段都发生了根本性变化。试点的成果表明，一体化课程教学改革是转变技能人才培养模式的重要抓手，是推动技工院校改革发展的重要举措，也是人力资源社会保障部门加强技工教育和职业培训工作的一个重点项目。

教学改革的成果最终要以教材为载体进行体现和传播。根据我部推进一体化课程教学改革的要求，一体化课程教学改革专家、几百位试点院校的骨干教师以及中国人力资源和社会保障出版集团的编辑团队，组织实施了一体化课程教学改革试点，并将试点中形成的课程成果进行了整理、提炼，汇编成“活页”教材。继 2012 年第一批试点专业教材正式出版之后，第二批试点专业教材经过试用、修改完善，将陆续正式出版。希望全国技工院校将一体化课程教学改革作为创新人才培养模式、提高人才培养质量的重要抓手，进一步推动教学改革，促进内涵发展，提升办学质量，为加快培养合格的技能人才做出新的更大贡献！

技工院校一体化课程教学改革
教材编委会
2016年10月

活页式教材使用说明

◆页码编排方式

为了更加方便地在教材中增删和替换内容，页码采用“学习任务编号－学习活动编号－页码号”三级编排形式，如“3–2–4”表示“学习任务三”的“学习活动 2”的第 4 页。

◆过程评价表使用方法

教材中设计了“自评表”“互评表”“教师总评表”“综合评价表”等评价表格，表头上有“班级”“姓名”“学号”等信息栏，从活页教材中取出评价表填写后可以单独提交。

◆教材内容更新方法

中国人力资源和社会保障出版集团将根据一体化课程教学改革的推进以及科学技术的发展和不同地域的需要，不断补充和更新教材中的学习任务和学习活动，学校可以从“一体化课程教学改革教学资源网（http://zyjy.class.com.cn）”下载（需在网站注册）。通过网站还可以了解到更多的一体化课程教学改革信息和下载相关资源。

◆便携式活页夹和 PVC 保护板使用方法

对于带活页外夹的教材，使用其内附赠的便携式活页夹，可以灵活方便地将教材中部分内容携带至一体化教学场地。教材内附的整张 PVC 保护板可以作为学习记录垫板使用。

◆参考用书选用方法

在学习过程中，学生需要查阅大量参考资料，下表为中国人力资源和社会保障出版集团出版的适宜本专业一体化教学使用的参考书目录。

电子技术应用专业一体化教学
参考书目录（中级阶段）

序号	书号	书名
1	978-7-5045-7611-8	电工基础（第三版）
2	978-7-5045-7632-3	模拟电路基础
3	978-7-5045-7624-8	数字电路基础
4	978-7-5045-7680-4	无线电基础（第四版）
5	978-7-5045-7622-4	电子测量与仪器（第四版）
6	978-7-5045-7607-1	机械知识与钳工技能训练
7	978-7-5045-7637-8	机械识图与电气制图（第四版）
8	7-5045-4166-4	电子CAD
9	978-7-5045-7686-6	传感器基础知识
10	978-7-5045-7658-3	电子基本操作技能（第四版）
11	978-7-5045-8518-9	无线电工艺（第二版）
12	978-7-5167-1248-1	维修电工技能训练（第五版）

目　　录

学习任务一　直流稳压电源的装配与调试

学习目标

1. 能根据工作情境描述，明确任务要求，填写直流稳压电源的装配与调试工作单。

2. 能举例说明电源电压高低和稳定度对电路性能的影响。

3. 能识别弱电供电模块的参数，如输入电压、输出电压、输出电流和输出功率等电学参数，并能根据实际场合不同选择电压和电流值合适的电源。

4. 能通过网络查找芯片的技术文档，并能从中获取芯片的关键参数（如最大承受电压、最大输出电压）和典型应用电路图等。

5. 能与小组内成员进行有效沟通，共同制订本任务工作计划。

6. 能分析串联式和开关式直流稳压电源的工作原理，并能根据最大承受功率，选取恰当的熔丝对电路进行保护。

7. 能根据任务要求，制定直流稳压电源的装配与调试工作方案。

8. 能根据需要正确选择焊接材料，如焊锡的线径、助焊剂含量、含铅量和焊接温度等。

9. 能根据任务要求准备装配工具和仪表，领用、核对所需元器件，识别并检测电感器、变压器、电容器和二极管等电子元器件。

10. 能根据万能板的尺寸合理进行模块电路的布局和布线，并按工艺要求完成直流稳压电源的装配。

11. 能使用万用表、示波器等仪器仪表进行直流稳压电源电路板功能的检测。

12. 能正确填写直流稳压电源的装配与调试测试报告，并完成交付验收工作。

13. 能正确核算成本，在保证性能的情况下选取合理的电源模块实现方式。

14. 能按生产现场管理 6S 标准，清除现场垃圾并整理现场。

建议学时

36 学时

工作情境描述

LED 照明灯制造工厂中需要为触摸开关提供电源，要求将 220 V 交流电转换成 5 V 直流电，且转换效率达 80% 以上，最高输出电流为 3 A（带保护），稳定度在 90% 以上，研发部初步选定以 LM2596 芯片为核心做电压转换并设计出直流稳压电源电路，具体的测试任务交给助理工程师。助理工程师需要在一体化实训室中用万能板制作一个以 LM2596 芯片为主体的直流稳压电源电路板，测试其输出性能指标（如转换效率等），并与传统的以 7805 芯片为核心的电路进行比较，要求 4 天内交付样品和测试结果。

工作流程与活动

1. 明确工作任务，认知直流稳压电源（6 学时）
2. 识读电路原理图，制定工作方案（6 学时）
3. 直流稳压电源的装配（12 学时）
4. 直流稳压电源的调试与验收（8 学时）
5. 工作总结与评价（4 学时）

学习活动 1　明确工作任务，认知直流稳压电源

学习目标

1. 能根据工作情境描述，明确任务要求，填写直流稳压电源的装配与调试工作单。

2. 能识别直流稳压电源的各组成部分，并能分析其基本工作原理。

3. 能举例说明电源电压高低和稳定度对电路的影响。

4. 能识别弱电供电模块的参数，如输入电压、输出电压、输出电流和输出功率等电学参数，并根据实际负载不同选择不同参数的电源。

5. 能通过网络查找 7805 芯片和 LM2596 芯片的技术文档，并能从中获取芯片的关键参数（如最大承受电压、最大输出电压）和典型应用电路。

建议学时：6 学时。

学习过程

一、填写工作单

阅读工作情境描述及相关资料，根据实际情况填写表 1—1—1 所列工作单。

表 1—1—1　　直流稳压电源的装配与调试工作单

任务名称		接单日期	
工作地点		任务周期	
工作内容			

续表

提供物料					
调试项目					
项目负责人姓名		联系电话		验收日期	
团队负责人姓名		联系电话		团队名称	
备注					

二、认知直流稳压电源

电网提供给用户的通常是频率为 50 Hz 的正弦交流电，而很多电子设备需要使用直流稳压电源来供电，这就需要将交流电转变为稳定的直流电，完成这一工作的设备就是直流稳压电源。直流稳压电源可以是一台独立的设备，也可以是电子电路系统中的一个组成部分。如图 1—1—1 所示为几种不同的直流稳压电源。

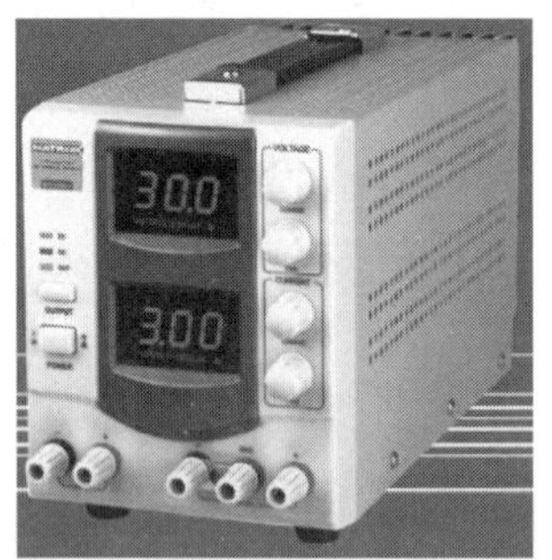

实验室用直流电源

计算机中的一体化开关电源

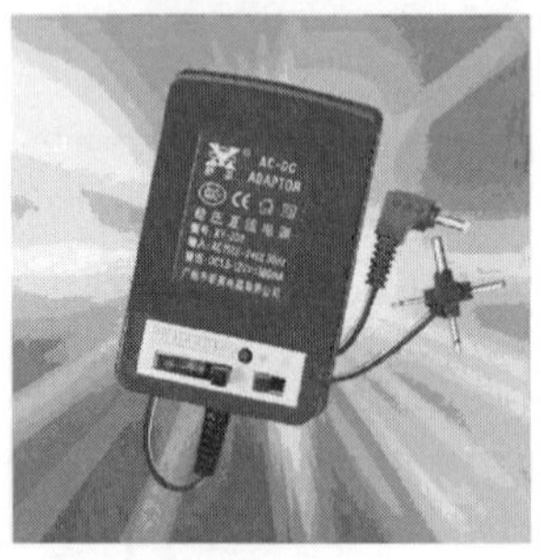

充电器

通信设备常用的直流稳压电源

图 1—1—1

直流稳压电源在日常生产生活中的应用非常广泛，而且随着电子设备不断朝高精度、高稳定性和高可靠性方向发展，电子设备对其供电电源也提出了更高的要求。

1. 查阅相关资料，结合图 1—1—2，说出直流稳压电源的组成及各组成部分的作用

（见表 1—1—2），并回答下列问题。

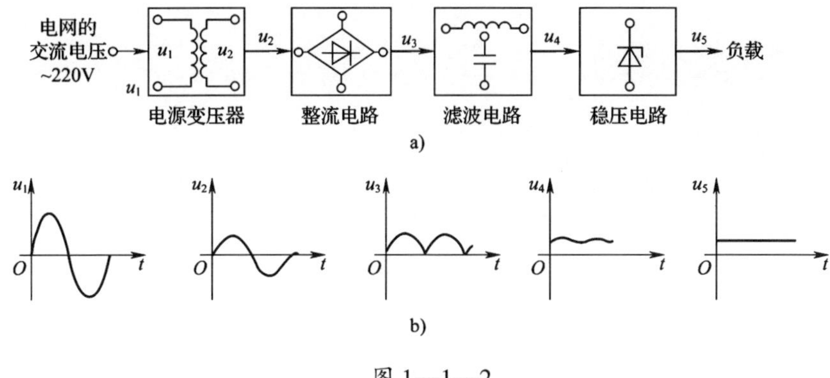

图 1—1—2

表 1—1—2　　直流稳压电源的组成及其作用

组成	作用
电源变压器	
整流电路	
滤波电路	
稳压电路	

（1）使用示波器测量电源变压器的输入和输出波形，并分析交流降压的工作原理。

（2）二极管的特点是什么？如何用万用表测量二极管的电学特性？

（3）在教师的指导下搭建整流电路，经指导教师检查同意后给整流电路通以交流电，观察并记录整流电路的电流走向，分析为何整流电路能将交流电转化成直流电。

（4）在教师的指导下搭建滤波电路，用示波器观察输出电压的变化，并利用电容器的充放电现象进行解释。

（5）绘制稳压二极管的图形符号，查阅稳压二极管的电气特性曲线，说明为何稳压二极管能实现稳压的效果。

（6）简述直流稳压电源的工作原理。

2. 搭建图 1—1—3 所示电路，调节电压从 0 V 缓慢增加到 5 V，观察电流表的读数，记录现象，总结电源电压高低对灯泡亮度的影响，判断是电压越大越好，还是越小越好。

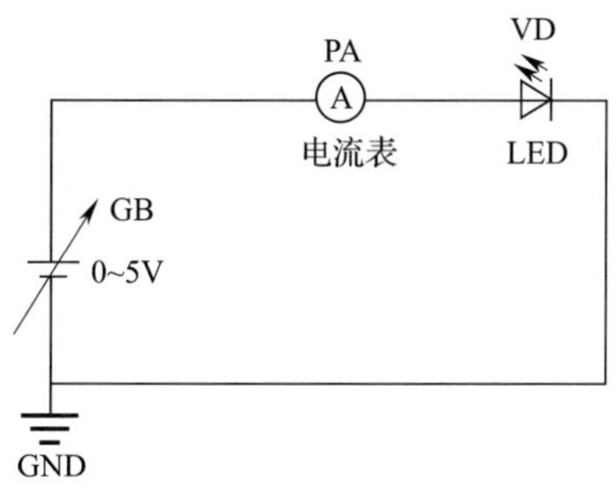

图 1—1—3

（1）电压过低对电路有什么影响？电压过高又会产生什么影响？

（2）由实验现象可知，普通 LED 灯的最大承受电压和电流分别是多少？

3．日常生活中，当供电不稳定时会产生什么现象？电压的稳定度是直流稳压电源的一项重要性能指标吗？查阅相关资料，说出直流稳压电源还有哪些重要性能指标。

4．观察图 1—1—4 所示手机充电器插头上的铭牌，从中读出其输出电流值。

图 1—1—4

5．拆开手机后盖，观察手机电池的铭牌，如图 1—1—5 所示，从中读出该电池的容量。

图 1—1—5

6. 比较手机充电器输出电流和手机锂电池的容量，说出两者之间存在什么样的关系，并分析为何有些手机充电快，有些却充电慢。

7. 若一部手机的电池容量为 3 500 mA·h，分别用 500 mA、1 A 和 2 A 的电源适配器进行充电，3 种适配器的充电时间分别需要多久？（要求列出计算过程，不计损耗）

8. 查阅相关资料，结合以上分析总结，采购直流稳压电源时应了解的技术指标有哪些？

9. 若实训室有一盏 5 W 的 LED 灯，能选用功率为 3 W 的电源供电吗？

三、查找并收集装配直流稳压电源所需芯片的信息

电子元件和芯片的数据手册（datasheet）一般由厂家编写，内容包括电子元件和芯片的性能参数、物理参数、应用电路、制造材料和使用建议等，表现形式为说明性文字、各种特性曲线、图形和数据表等。数据手册一般是免费发放的。

1. 通过网络查找图 1—1—6 所示 7805 芯片和 LM2596 芯片的技术文档（即数据手册），并记录下查找出的技术文档的网址。

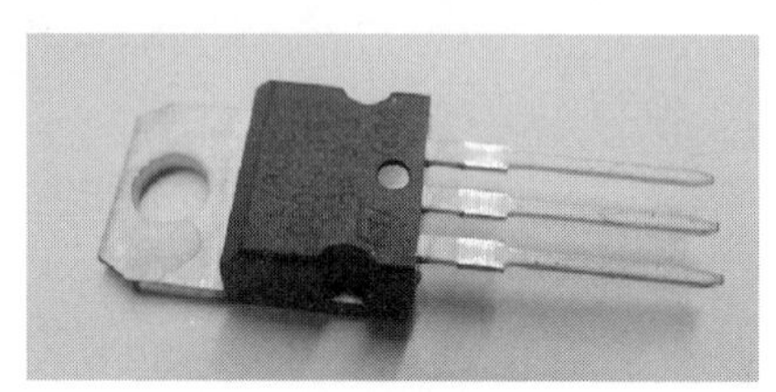

7805芯片

LM2596芯片

图 1—1—6

2. 阅读 7805 芯片和 LM2596 芯片的技术文档，写出其最大输入电压和最大输出电流。

3. 结合查找的芯片技术参数，解释研发人员不用 7805 芯片作为实现稳压电源方案的原因。

4. 从 LM2596 芯片的技术文档中找出其输出电压可调电路，并绘制出来。

四、制订工作计划

查阅相关资料，了解模块电路装配与调试的基本步骤，根据任务要求，制订本小组的工作计划，并填入表 1—1—3 中。

表 **1—1—3**　　直流稳压电源的装配与调试工作计划表

<table>
<tr><td>团队名称</td><td></td><td>团队编号</td><td></td><td>任务名称</td><td></td><td>任务起止日期</td><td colspan="2"></td></tr>
<tr><td>步骤</td><td>计划名称</td><td colspan="4">工作内容</td><td>预计完成日期</td><td>预计工时</td><td>备注</td></tr>
<tr><td>1</td><td></td><td colspan="4"></td><td></td><td></td><td></td></tr>
<tr><td>2</td><td></td><td colspan="4"></td><td></td><td></td><td></td></tr>
<tr><td>3</td><td></td><td colspan="4"></td><td></td><td></td><td></td></tr>
<tr><td>4</td><td></td><td colspan="4"></td><td></td><td></td><td></td></tr>
<tr><td>5</td><td></td><td colspan="4"></td><td></td><td></td><td></td></tr>
<tr><td>6</td><td></td><td colspan="4"></td><td></td><td></td><td></td></tr>
</table>

教师审核意见：

教师（签名）：＿＿＿＿＿＿　　制订计划人（签名）：＿＿＿＿＿＿

年　　月　　日

评价与分析

根据每个小组成员在本活动学习过程中的表现情况填写《学习任务过程性考核记录表》（见附表，下同）。

学习活动 2　识读电路原理图，制定工作方案

学习目标

1. 能识读 7805 和 LM2596 直流稳压电源电路，列出装配直流稳压电源所需的元器件。

2. 能利用仿真软件搭建仿真电路图，并用虚拟仪表进行各种参数和性能指标的测试。

3. 能根据最大承受功率，正确选取恰当熔值的熔丝对电路进行保护。

4. 能描述 LM2596 芯片的引脚功能及工作原理。

5. 能分析 7805 和 LM2596 直流稳压电源电路原理图，完善电路方框图，并简述其工作过程。

6. 能合理分工，制定并展示直流稳压电源的装配与调试工作方案。

建议学时：6 学时。

学习过程

一、识读 7805 直流稳压电源电路原理图

1. 识读图 1—2—1 所示直流稳压电源电路原理图，列出装配直流稳压电源所需的元器件，并填入表 1—2—1 中。

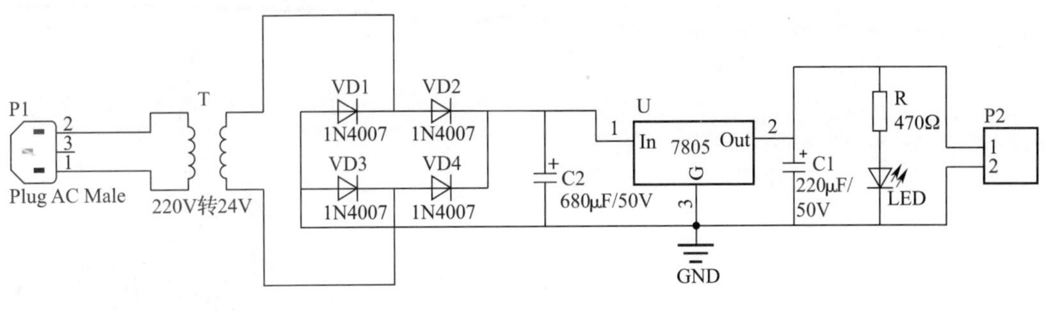

图 1—2—1

表 **1—2—1**　　**7805** 直流稳压电源元器件清单

序号	元器件名称	文字符号	型号和规格	数量	备注
1					
2					
3					
4					
5					
6					
7					
8					

2. 查阅相关资料，简述变压器的作用和工作原理。观察图 1—2—2 所示变压器的铭牌并说出其输入电压、输出电压和功率分别是多少。本任务中，哪两条线是输入线，哪两条线是输出线?

图 1—2—2

3. 利用 Multisim 10 仿真软件搭建 7805 直流稳压电源仿真电路图，绘制交流电经过 7805 直流稳压电源电路后变成直流电的波形图。

（1）Multisim 是美国国家仪器（NI）公司推出的以 Windows 为基础的仿真工具，它可以采用虚拟元件搭建各种电路模型，用虚拟仪表进行各种参数和性能指标的测试。试在计算机上完成 Multisim 10 仿真软件的安装，并简述其主要安装步骤。

（2）认知图 1—2—3 所示 Multisim 10 主界面的窗口结构，在方框空白处填写出相应结构的名称，并简要说明其各自功能。

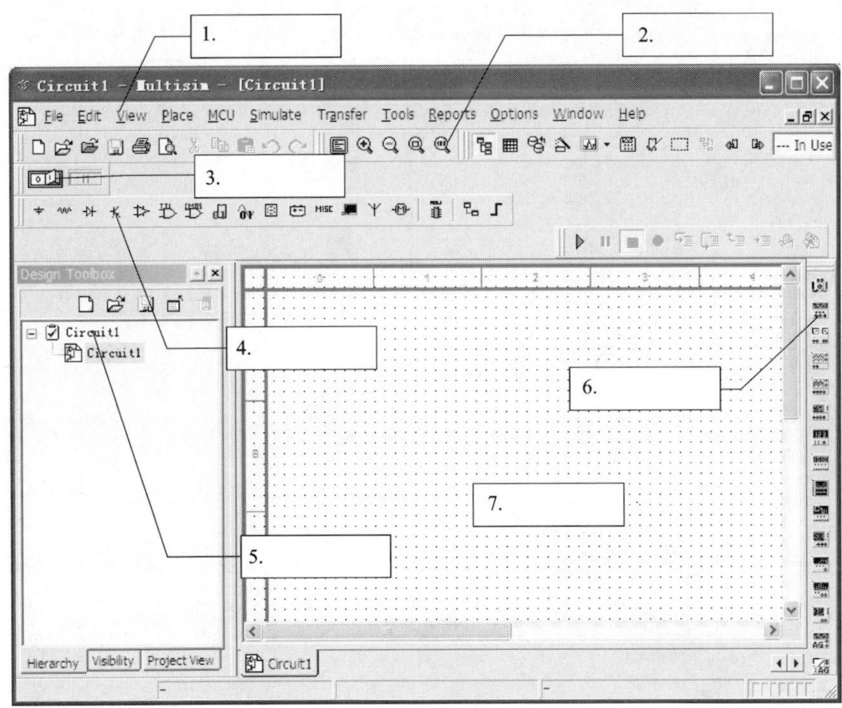

图 1—2—3

（3）如图 1—2—4 所示为 Multisim 10 仿真软件提供的元器件工具栏，其按类型不同提供电路设计所需的全部元器件，试将鼠标悬置在相关元器件按钮上，观察各类元器件的名称，记录在表 1—2—2 中，并初步了解各类元器件所包含的常用元器件。

图 1—2—4

表 **1—2—2** 元器件工具栏各按钮的名称

按钮	名称	按钮	名称
		MISC	

（4）搭建整流电路。

1）从元件库中选择搭建电路所需元件。查阅相关资料，结合图 1—2—5 说明从元件库中选择搭建电路所需元件的方法和注意事项，并根据表 1—2—3 和图 1—2—1 选择搭建 7805 直流稳压电源电路所需的相关元器件，单击拖拽到原理图中。

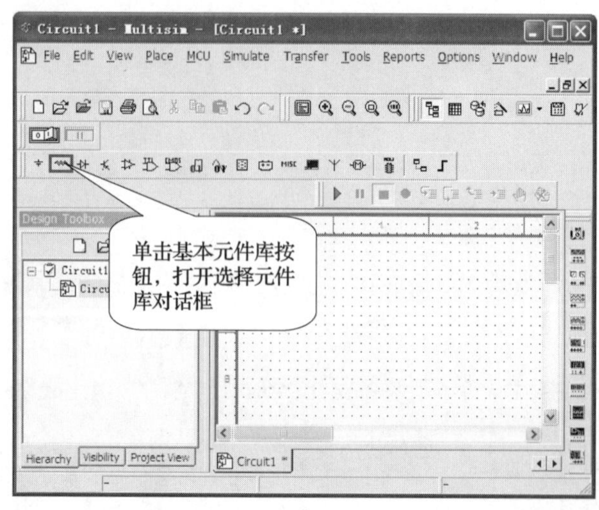

a）

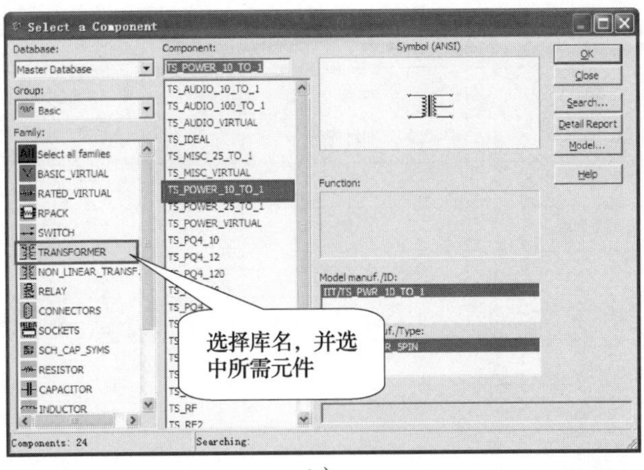

b）

c）

图 1—2—5

表 **1—2—3** **7805** 直流稳压电源仿真电路所需元器件清单

序号	元器件编号	元器件名称	所在仿真库
1	V	电源	Power_Source
2	T	变压器	Transformer
3	VD1 ~ VD4	二极管	Diode
4	C2	电容器	Capacitor
5	U	三端稳压器 7805	Voltage_Regulator
6	C1	电容器	Capacitor
7	R	电阻器	Resistor
8	LED	发光二极管	Led

2）编辑元器件。查阅相关资料，结合图 1—2—6 简述修改元器件参考标识和虚拟元器件参数值的方法，并根据图 1—2—1 编辑修改各元器件的参考标识和参数值。

a）

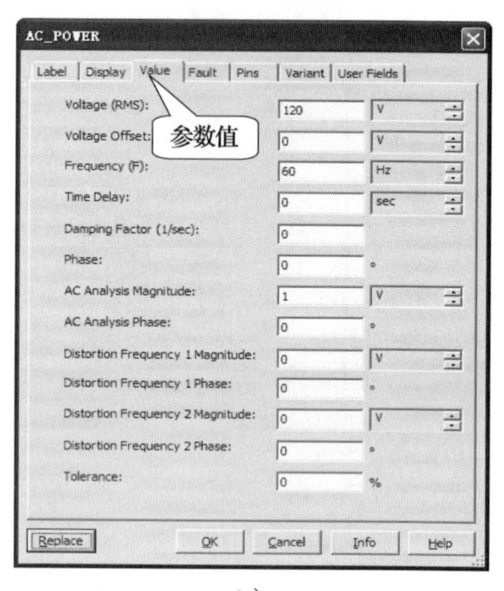

b）

图 1—2—6

3）连接电路。查阅相关资料，简述绘制和删除电路各元器件间连接线的方法，并根据图 1—2—1 完成电路连接线的绘制。

（5）利用虚拟仪表进行仿真，测量电路输出电压和波形，并绘制输出波形图。

1）单击仪表工具栏中的万用表按钮 ，拖拽万用表到绘图区，按图 1—2—7 将万用表的“+”“-”端与电路输出端相连。然后单击仿真启动按钮 ，双击万用表元件，在弹出的万用表显示屏（见图 1—2—8）中选择直流电压挡，观察记录电路输出电压的大小，并分析输出电压是否符合要求。

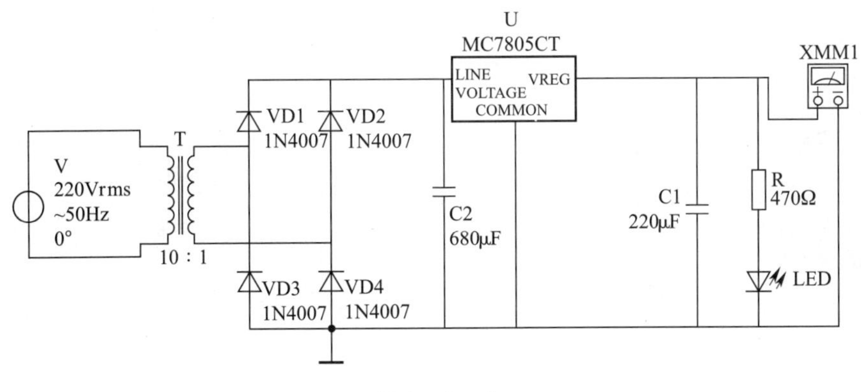

图 1—2—7

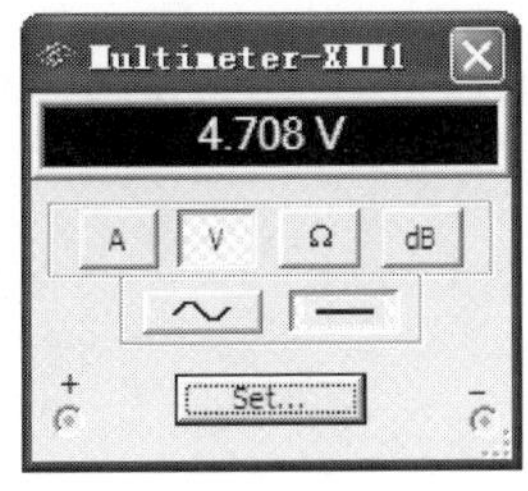

图 1—2—8

2）单击仪表工具栏中的示波器按钮 ，拖拽示波器到绘图区，并与电路输出端相连，利用示波器测量 7805 直流稳压电源电路输出端的电压波形，并绘制其输出波形图。

4. 查阅相关资料，简述7805直流稳压电源电路的滤波电容器是如何起到稳压作用的。

5. 查阅相关资料，结合图1—2—9所示7805芯片的工作原理框图，描述具有比较放大环节的串联式稳压电路的工作原理。

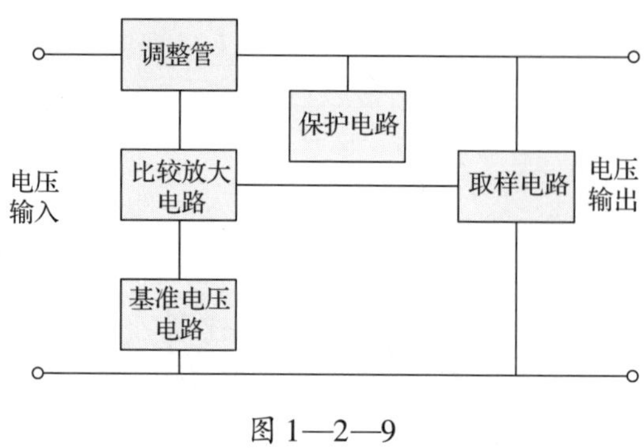

图1—2—9

二、识读 LM2596 直流稳压电源电路原理图

1. 识读图 1—2—10 所示直流稳压电源电路原理图，列出装配 LM2596 开关式直流稳压电源所需的元器件，并填入表 1—2—4 中。

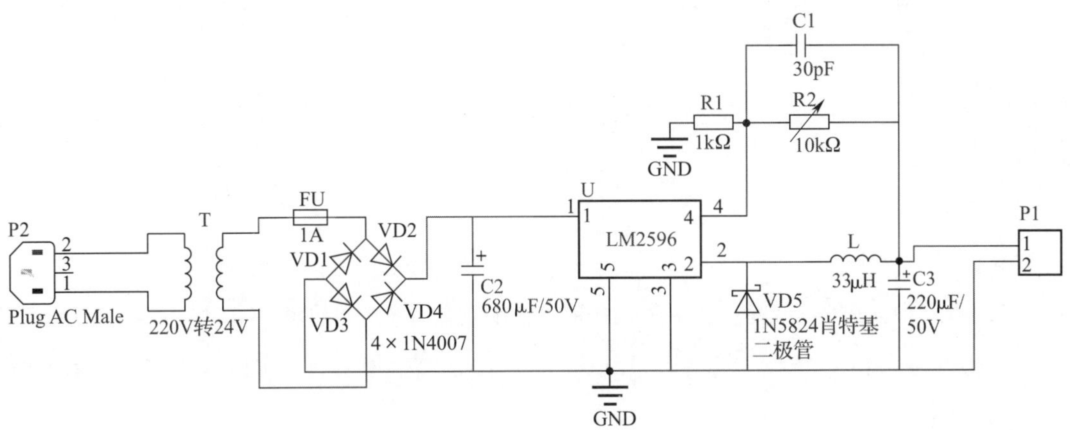

图 1—2—10

表 1—2—4　　LM2596 开关式直流稳压电源元器件清单

序号	元器件名称	文字符号	型号和规格	数量	备注
1					
2					
3					
4					
5					
6					
7					
8					
9					
10					
11					
12					

2．如图 1—2—10 所示 LM2596 开关式直流稳压电源电路中采用了 1N5824 肖特基二极管，其与普通二极管的性能有何异同?（提示：从开关频率特性角度进行分析）

3．查阅相关资料，简述图 1—2—10 中熔丝的选用原则。由 LM2596 芯片的技术文档可知，其效率 $\eta = 80\%$，输入电压 24 V，输出电压 5 V，输出电流 3 A，试逆推出原理图中熔丝的最大承受电流和变压器的功率应取多大。

4．如图 1—2—11 所示为 LM2596 芯片的实物图和引脚图，查阅 LM2596 芯片的技术文档，完成下列任务。

a）

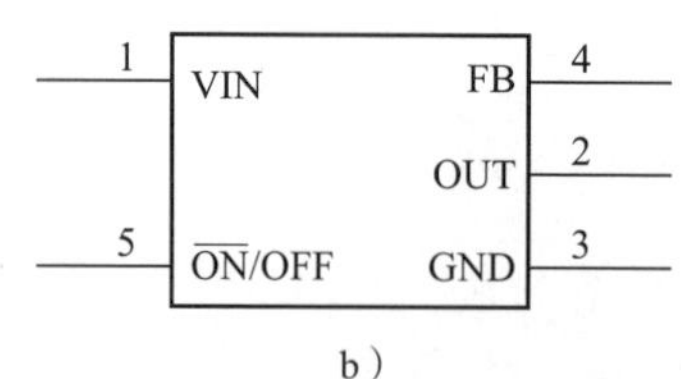

b）

图 1—2—11

（1）将表1—2—5所列LM2596芯片的引脚功能表补充完整，并解释主要引脚的功能。

表 **1—2—5**　　**LM2596** 芯片引脚功能表

引脚号	引脚名称	引脚功能
1	输入脚 VIN	
2		
3	接地端 GND	
4		
5		

（2）查阅相关资料，补齐图1—2—12所示LM2596芯片的工作原理框图，并绘制电流流向箭头。

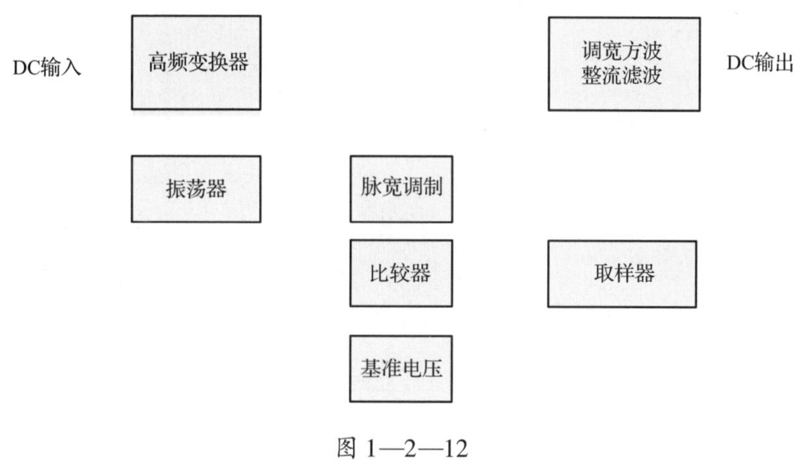

图 1—2—12

小资料

开关式稳压电源直流降压的原理

在线性电源中，功率晶体管工作在线性模式，其典型电路为7805串联式稳压电路，这种方式虽然价格便宜，但能量转化率低下，在对电源效率要求比较高的场合下就显得不实用。鉴于这种缺点，工程师开发出了开关式稳压电源，其工作原理是让功率晶体管工作在非线性区，通过不同的频率让功率晶体管处于导通和关断状态，在这两种状态中，加在功率晶体管上的功率是很小的（导通时，电压低、电流大；关断时，电压高、电流小），因此功率器件上的功率就是稳压管所产生的损耗。与线性电源相比，频率控制的开关电源更为有效的工作过程是通过“斩波”来实现的，即把输入的直流电压斩成幅值等于输入电压幅值的脉冲电压。

LM2596 开关电源调节器是降压型电源管理单片集成电路，能够输出 3 A 的驱动电流，同时具有很好的线性和负载调节特性，可调节输出小于 37 V 的各种电压。该器件内部集成了频率补偿和固定频率发生器，开关频率为 150 kHz，与低频开关调节器相比，可以使用更小规格的滤波元件。由于该器件只需 4 个外接器件——外接电容器 C_{FF}、外接电阻器 R1 ~ R3，可以使用通用的标准电感，这更加优化了 LM2596 的使用，极大地简化了开关电源电路的设计，如图 1—2—13 所示，该开关电源电路的输出电压和外接电容的计算公式如下：

$$U_{OUT} = U_{REF}\left(1 + \frac{R_2 + R_1}{R_3}\right)$$

其中，$U_{REF} = 1.23$ V。

即
$$R_2 + R_1 = R_3\left(\frac{U_{OUT}}{U_{REF}} - 1\right)$$

$$C_{FF} = \frac{1}{31 \times 10^3 \times R_2}$$

其中，C_{FF} 为外接滤波电容，U_{REF} 为芯片内部的取样参考电压，两者的值与芯片的内部结构有关，具体参考值可从芯片的技术文档中查到。设计者可根据上述推导公式，通过改变电阻值来调整输出电压，从而获得自己所需的输出电压。

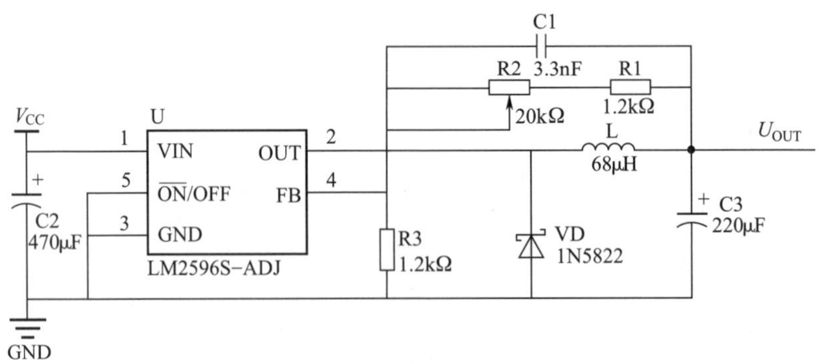

图 1—2—13

5. 分析图 1—2—14 所示 LM2596 开关式直流稳压电源的电路结构图，完成下列任务。

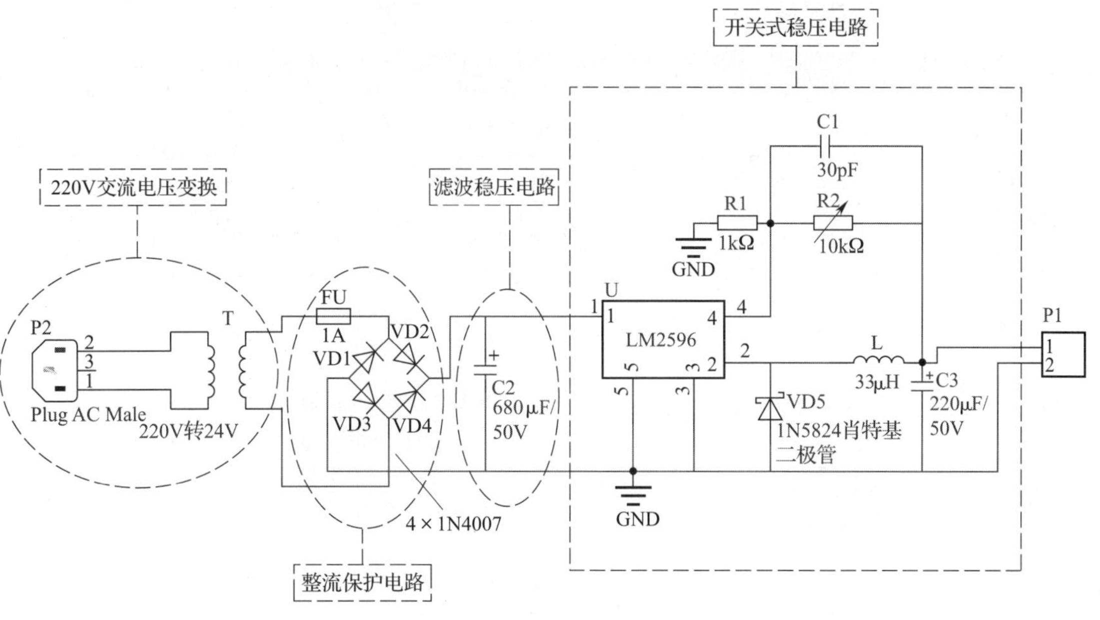

图 1—2—14

(1) 分析图 1—2—14 所示 LM2596 开关式直流稳压电源的电路结构图，完善图 1—2—15 所示开关式直流稳压电源电路的工作原理框图，并标明信号流向。

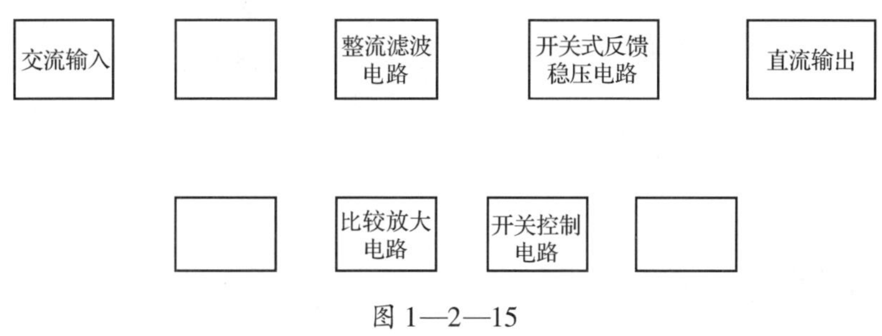

图 1—2—15

(2) 结合图 1—2—15 所示开关式直流稳压电源电路的工作原理框图，简述开关式直流稳压电源电路的工作过程。

三、制定工作方案

根据本组成员的不同特点进行合理分工，制定本小组装配与调试 7805 和 LM2596 两种直流稳压电源的工作方案，展示并决策出最佳工作方案，填入表 1—2—6 中。

表 1—2—6　　直流稳压电源装配与调试工作方案

<table>
<tr><td>任务名称</td><td colspan="2"></td><td colspan="2">工作任务起止日期</td><td>制定方案日期</td><td colspan="2"></td></tr>
<tr><td>序号</td><td>实施步骤</td><td colspan="3">工作内容</td><td>所需资料、材料及工具</td><td>负责人</td><td>参与人员</td></tr>
<tr><td>1</td><td>制作前准备</td><td colspan="3"></td><td></td><td></td><td></td></tr>
<tr><td>2</td><td>电路板预布局</td><td colspan="3"></td><td></td><td></td><td></td></tr>
<tr><td>3</td><td>检测元器件</td><td colspan="3"></td><td></td><td></td><td></td></tr>
<tr><td>4</td><td>装配焊接电路板</td><td colspan="3"></td><td></td><td></td><td></td></tr>
<tr><td>5</td><td>通电测试</td><td colspan="3"></td><td></td><td></td><td></td></tr>
<tr><td>6</td><td>交付验收</td><td colspan="3"></td><td></td><td></td><td></td></tr>
</table>

教师审核意见：

教师（签名）：__________　　决策人（签名）：__________

年　　月　　日

评价与分析

根据每个小组成员在本活动学习过程中的表现情况填写《学习任务过程性考核记录表》。

学习活动3　直流稳压电源的装配

学习目标

1. 能正确领取装配直流稳压电源所需的元器件、工具及材料。

2. 能正确识别与检测电感器、变压器、电容器和二极管等电子元器件。

3. 能正确选取合适的焊接材料，如焊锡的线径、助焊剂含量、含铅量和焊接温度等。

4. 能根据万能板的尺寸合理进行模块电路的布局和布线，并按工艺要求装配直流稳压电源。

建议学时：12学时。

学习过程

一、直流稳压电源装配前准备

1. 准备万能板制作工具与材料

（1）作为焊接的关键耗材——焊锡，其主要包含哪三个关键参数？试通过阅读图1—3—1所示焊锡的标签来找出关键参数。

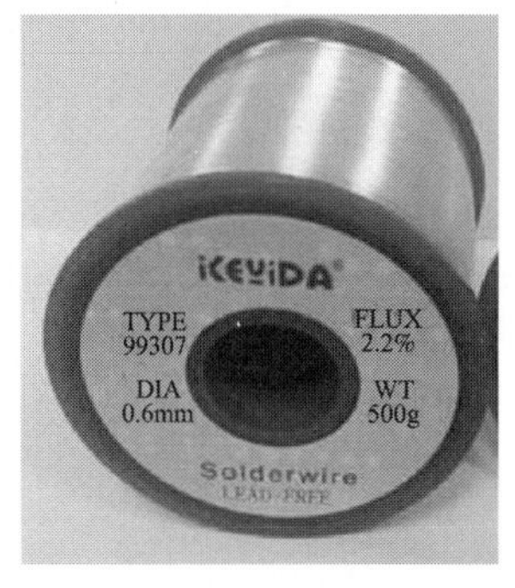

图1—3—1

（2）为适应欧盟环保要求提出了 ROHS 标准，如图 1—3—2 所示。因此，现在的无铅大型企业多采用无铅（LEAD－FREE）焊锡而不采用有铅焊锡。查阅相关资料，说明无铅焊锡的特点。

图 1—3—2

（3）焊接时选用焊锡线径的原则是什么？针对焊接本任务电路的需要，从图 1—3—3 中选出合适的焊锡线径。

0.4mm（500g）	0.5mm（500g）	0.6mm（500g）
0.8mm（500g）	1.0mm（500g）	1.2mm（500g）
2.0mm（500g）	1.5mm（500g）	

图 1—3—3

（4）如图 1—3—4 所示，焊锡的中心含有助焊剂（松香），试说明助焊剂有什么作用，其含量一般为百分之多少。

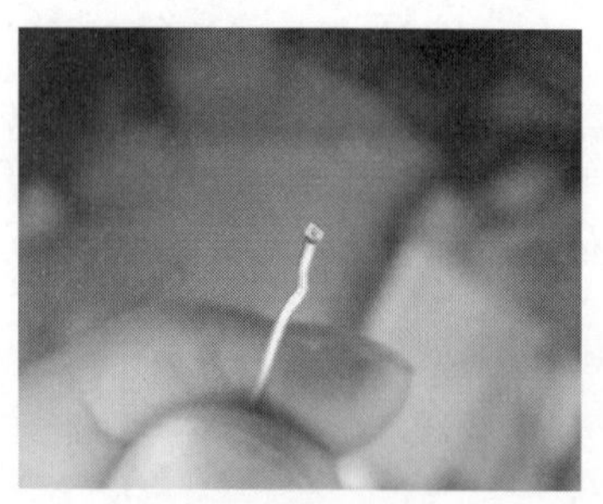

图 1—3—4

（5）如图 1—3—5 所示，电烙铁头有多种形状，试列举你知道的电烙铁头形状，并说明焊接万能板时一般采用哪种电烙铁头进行点焊。

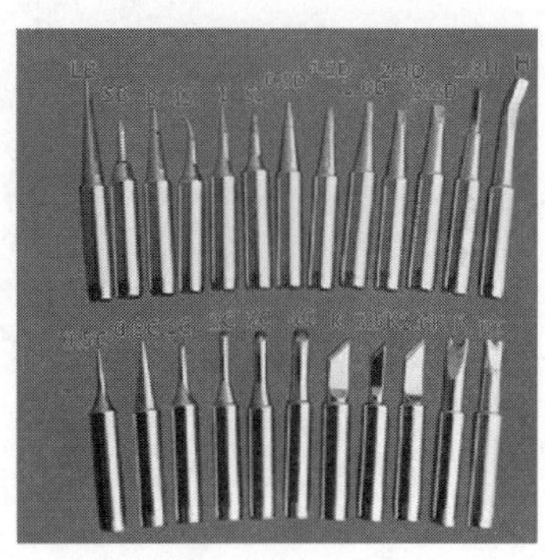

图 1—3—5

（6）使用无铅焊锡进行焊接时，电烙铁的温度一般为多少？

（7）按表 1—3—1 所列清单领取、清点和检查万能板制作工具与材料。

表 1—3—1　　万能板制作工具与材料清单

序号	材料及工具名称	型号和规格	数量	备注
1	万能板	80 mm × 120 mm × 1 mm	2 块	
2	吸锡枪	普通	1 把	
3	焊锡	环保型	1 卷	
4	恒温电烙铁	普通	1 把	
5	光线	0.8 mm^2	1 卷	
6	剪线钳	普通	1 把	

2. 直流稳压电源电路板预布局

（1）根据表 1—2—4 所列 LM2596 开关式直流稳压电源元器件清单准备实施 LM2596 开关式直流稳压电源预布局所需的元器件。

（2）以图 1—2—10 所示原理图和图 1—3—6a 所示工程上 PCB 布局的 LM2596 电路布局参考图为样板，确定核心器件的位置，然后用铅笔进行走线连接，绘制电路板预布局点阵图。

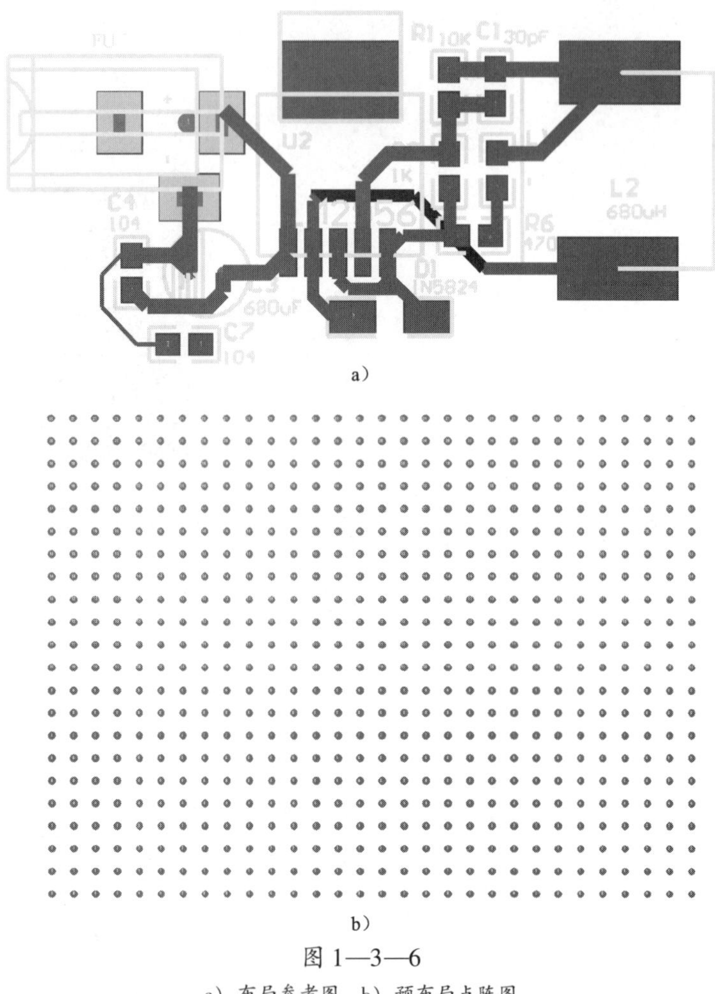

a）

b）

图 1—3—6

a）布局参考图　b）预布局点阵图

（3）在电子实训场地，按表 1—3—2 所列操作步骤完成 LM2596 直流稳压电源电路板的预布局。

表 1—3—2　　**LM2596** 直流稳压电源电路板的预布局

序号	操作步骤	操作示意图	操作要点	注意事项
1	万能板预处理		用细砂纸去掉覆铜板铜箔表面的氧化层	用细砂纸擦除表面氧化层时，注意不要用力过猛，否则会损坏万能板

续表

序号	操作步骤	操作示意图	操作要点	注意事项
2	元器件布局		按设计好的直流稳压电源电路板布局图进行预布局，具体可用笔对布线线条进行绘制，实现预布局的效果	布线时线条轮廓要清晰，无重叠；板面干净整洁，无油墨污染
3	裁剪光线，进行布线		利用剪线钳根据需要布线的光线长度剪裁光线，然后用工具对光线进行成形加工	修剪光线时要注意留有加工余量，成形时要注意角度
4	焊接元器件，并修剪引脚		对元器件的管脚进行点焊，焊接时先焊接高度较低的元器件，再焊接高度较高的元器件	点焊时一定要注意焊锡和电烙铁移出的时间和角度，一般是先移出焊锡再移出电烙铁，使焊锡尽量形成均匀的水滴状
5	焊接走线		走线一定要保证横平竖直，焊接时的角度保持在30°～45°之间	一旦出现焊接错误，可用吸锡枪进行修复，重新焊接，但操作前最好是做好规划
6	焊接跳线		当底层的走线密度较大且无法进行单层布线时就需要借助顶层来分担走线的工作，俗称跳线。一般也要遵守横平竖直的原则	跳线时要做到不跨元器件，并做到整齐有序

（4）结合预布局过程中遇到的问题，修正 LM2596 直流稳压电源电路板布局图，并记录在图 1—3—7 中。

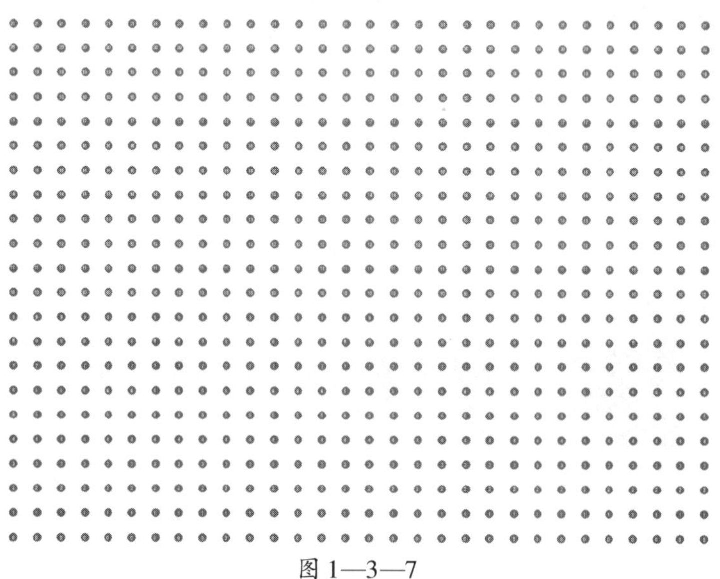

图 1—3—7

（5）同理完成 7805 直流稳压电源的预布局，并记录在图 1—3—8 中。

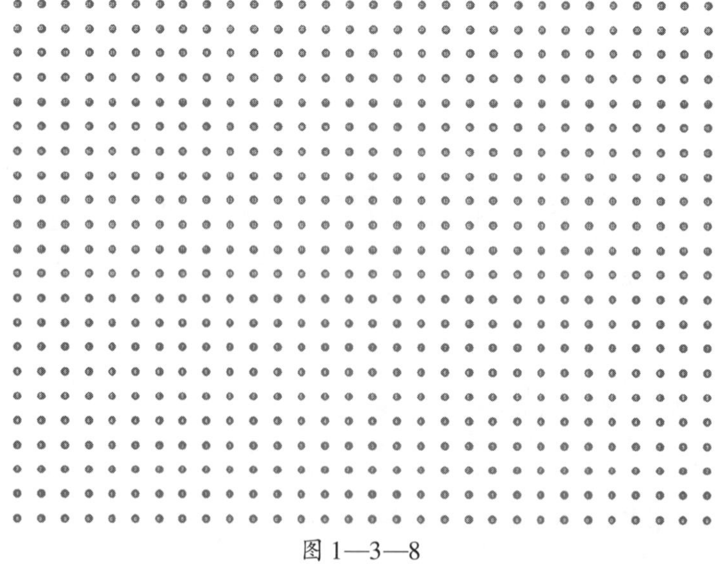

图 1—3—8

二、直流稳压电源的装配

1. 领取装配直流稳压电源的套件及工具

（1）填写装配直流稳压电源所需的套件及工具领用单（见表 1—3—3），每人领用一组，分别装配 7805 和 LM2596 直流稳压电源。

表 **1—3—3**　　装配直流稳压电源所需的套件及工具领用单

任务名称			指导教师	
序号	套件及工具名称	型号或规格	数量	目测外观情况
1				
2				
3				
4				
5				
6				
7				
8				
9				

发放人（签名）：____________

领用人（签名）：____________

年　　月　　日

（2）对照图 1—3—9 所示 7805 和 LM2596 直流稳压电源电路原理图和实物图，识别直流稳压电源套件中各电子元器件的名称，分类清点元器件的数量，填写表 1—3—4 所列直流稳压电源元器件清单。

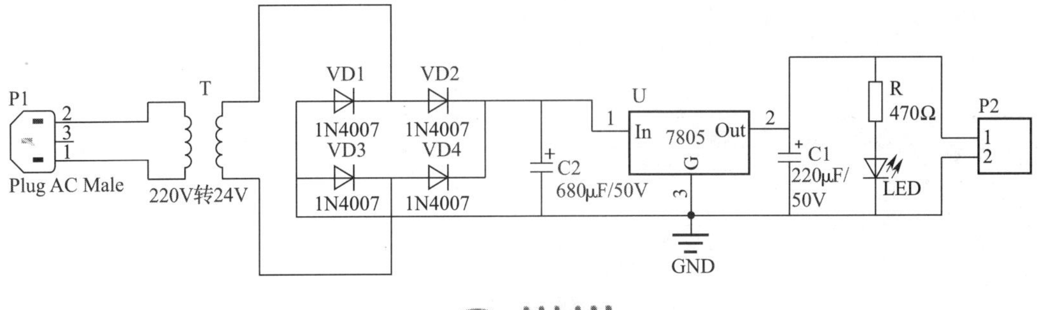

a）

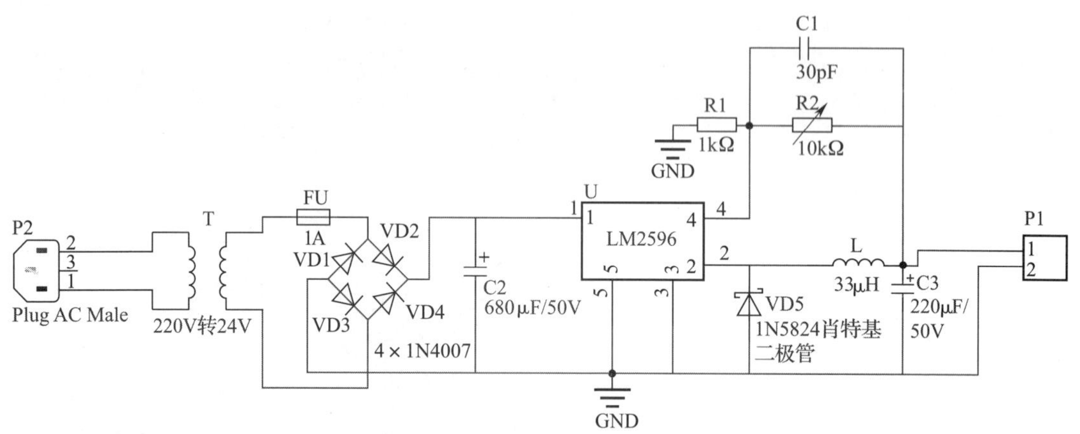

b）

图 1—3—9

a）7805 直流稳压电源电路原理图和实物图　b）LM2596 直流稳压电源电路原理图和实物图

表 **1—3—4**　　直流稳压电源元器件清单

序号	工位号	图形符号	元器件名称	型号或规格	数量	备注
1	C1					7805 直流稳压电源
2	C2					
3	R					
4	U					
5	VD1 ~ VD4					
6	T					
7	P1 ~ P2					
8	LED					

续表

序号	工位号	图形符号	元器件名称	型号或规格	数量	备注
9	C1					
10	C2					
11	C3					
12	VD1 ~ VD4					
13	VD5					
14	FU					LM2596 直流稳压电源
15	L					
16	P1 ~ P2					
17	R1					
18	R2					
19	T					
20	U					
备注						

2. 检测元器件

按照电子产品生产工艺要求，进行元器件装配前首先要检测元器件功能的好坏（见表1—3—5)，并对有质量问题的元器件做好标记。

表 **1—3—5**　　主要元器件的检测

序号	检测内容	操作示意图	操作提示
1	二极管	红表笔 黑表笔 a)	图 a 中黑表笔接的是二极管的______（A. 正极　B. 负极），红表笔接的是二极管的______（A. 正极　B. 负极），检测结果为该二极管是______（A. 好的　B. 坏的）

续表

序号	检测内容	操作示意图	操作提示
1	二极管	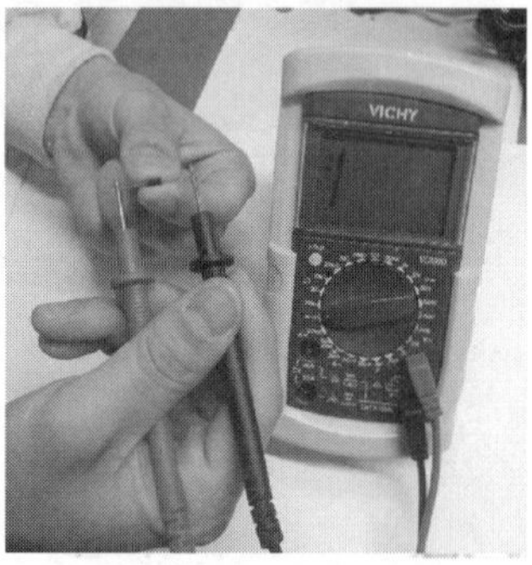 b）	图 b 中黑表笔接的是二极管的______（A. 正极 B. 负极），红表笔接的是二极管的______（A. 正极 B. 负极），检测结果为该二极管是______（A. 好的 B. 坏的）
2	变压器	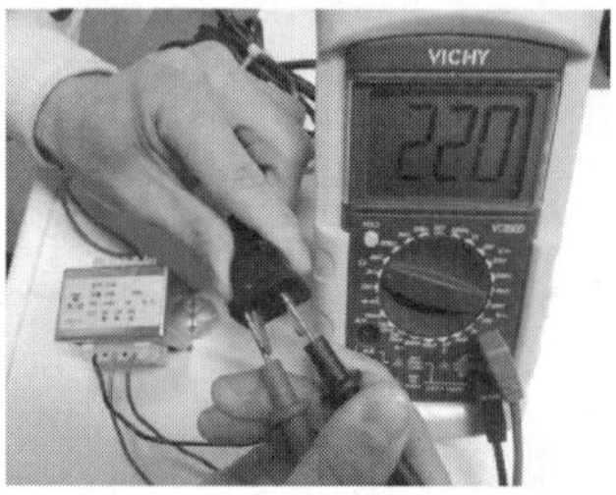 a） 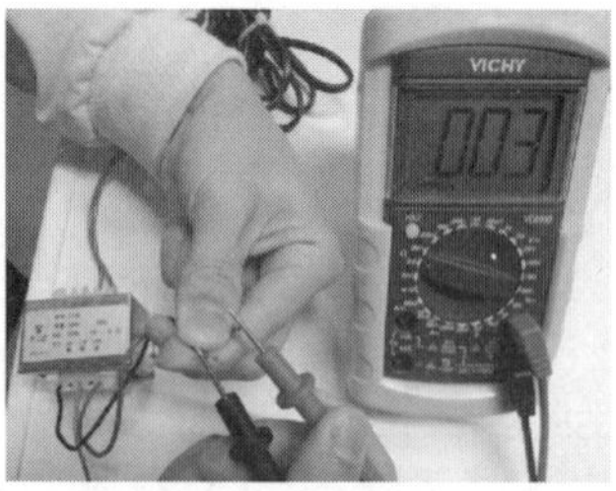 b）	将数字式万用表拨到______挡，测量变压器初级线圈的______，图 a 读数说明变压器的初级______（A. 正常 B. 不正常） 将数字式万用表拨到______挡，测量变压器次级线圈的______，图 b 读数说明变压器的次级______（A. 正常 B. 不正常） 结论：一般变压器初级线圈的电阻______（A. 大于 B. 小于）次级线圈的电阻
3	电感器	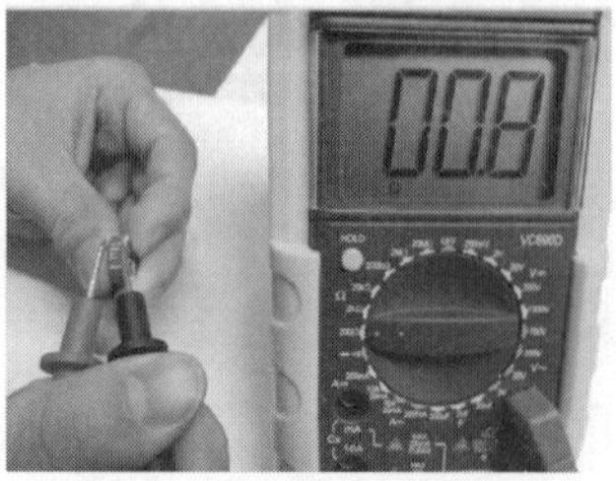	用万用表的电阻挡检测电感器的好坏，检测结果是______（A. 好的 B. 坏的）

续表

序号	检测内容	操作示意图	操作提示
4	熔丝		用万用表的二极管挡检测熔丝的好坏，检测结果是______（A. 好的　B. 坏的）
5	电容器		用万用表的电容挡检测电解电容器的容值，检测结果显示电容器的容值是________________（需加单位）
6	水泥电阻器		用万用表的电阻挡检测水泥电阻器的阻值，检测结果显示水泥电阻器的阻值是_____________（需加单位），属于______范围（A. 正常　B. 不正常）

3. 装配电路板

（1）根据电子焊接工艺要求，按装配的先后顺序以数字形式对下面待装配的元器件进行编号。

电阻器（　　）　电容器（　　）　接口端子（　　）　二极管（　　）

电感器（　　）　IC 芯片（　　）　电位器（　　）　熔丝（　　）

散热片（　　）　变压器（　　）

（2）按电路板工艺要求进行 LM2596 直流稳压电源的装配，并补齐表 1—3—6 中的操作提示。

表 **1—3—6** **LM2596** 直流稳压电源的装配

序号	装配步骤	操作示意图	操作提示
1	插装、焊接电容器和电阻器		先安装矮的还是高的元器件？电阻器是采取卧式安装还是立式安装好？
2	插装、焊接肖特基二极管和电感器		焊接肖特基二极管时应注意其正、负极，具体应如何区分？电感器有没有极性之分？
3	插装、焊接电位器和接口端子	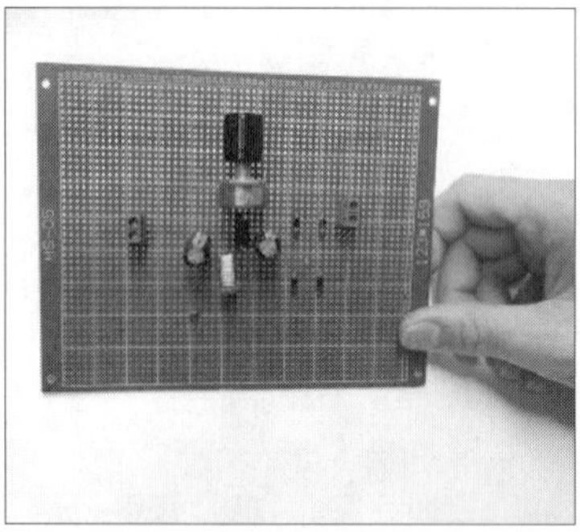	安装电位器时，调节旋钮应朝外还是朝里？安装接口端子时，接口应朝里还是朝外？
4	功率器件安装好散热片		安装散热片时，应注意__________

续表

序号	装配步骤	操作示意图	操作提示
5	插装、焊接IC芯片和熔丝		安装IC芯片时，应注意__________ ______________________ 安装熔丝时，应注意__________ ______________________ ______________________
6	选取合适的焊锡，使用电烙铁对电路板进行焊接	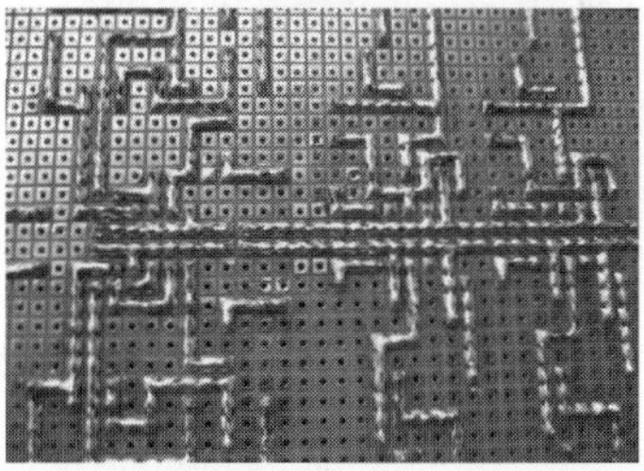	焊接时的注意事项有：________ ______________________ ______________________ ______________________ ______________________
7	安装电位器插头	 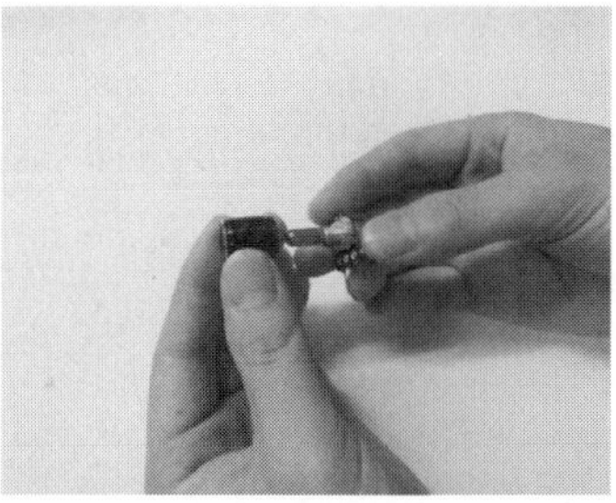 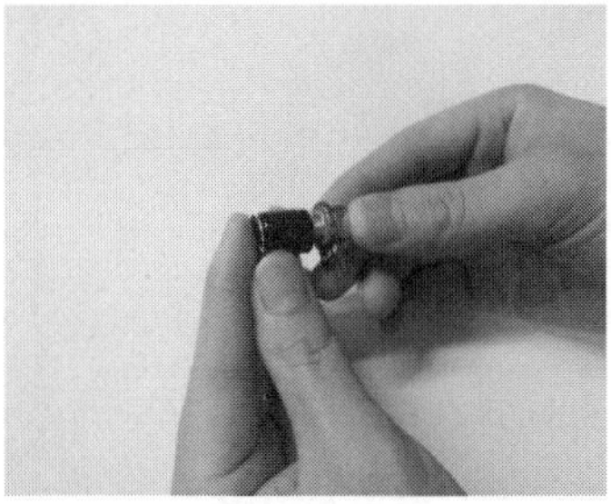	安装电位器插头时的步骤和技巧如下： ______________________ ______________________ ______________________ ______________________ ______________________ ______________________ ______________________

(3) 同理，按电路板工艺要求进行 7805 直流稳压电源的装配。

4. 整机装配

装配直流稳压电源电路整机，效果如图 1—3—10 所示。小组讨论并总结出如何判断散热片的牢固度；变压器的次级输出分别接红线还是黑线；其输出哪边是正极，哪边是负极。

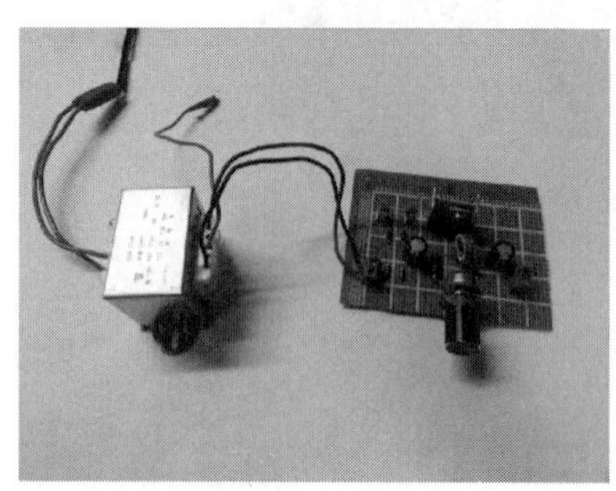

图 1—3—10

评价与分析

根据每个小组成员在本活动学习过程中的表现情况填写《学习任务过程性考核记录表》。

学习活动 4　直流稳压电源的调试与验收

学习目标

1. 能正确使用万用表测试直流稳压电源的输入电压和输出电压、电流等电学参数，并验证其功能。

2. 能正确测量直流稳压电源输出电压的波纹，并能搭建负载电路，观察其输出电压的稳定度。

3. 能正确计算直流稳压电源的功率和转换效率，并将结果正确填写在验收单上。

4. 能通过测试比较 LM2596 开关式直流稳压电源和 7805 串联式直流稳压电源转换效率的高低。

5. 能正确填写直流稳压电源的装配与调试测试报告，并完成交付验收工作。

6. 能就本次任务中出现的问题提出改进措施。

建议学时：8 学时。

学习过程

一、通电调试

1. 技术文档中，以 LM2596 为核心的直流稳压电源的输出电流为 3 A，在要求输出电压为 5 V 的直流电源下，用色环电阻器可以充当负载吗？图 1—4—1a 所示水泥电阻器能否承受 3 A 的电流？若不能，能否按图 1—4—1b 所示将 3 个 10 W 10 Ω 电阻器并联使用？

a）

b）

图 1—4—1

a）单个水泥电阻器　b）3 个并联水泥电阻器

2．对照电路图检查调试装配好的电路，确认无误并经指导教师同意后按表 1—4—1 所列操作步骤进行直流稳压电源的功能测试，并记录观察结果。

表 **1—4—1**　　直流稳压电源功能测试

序号	操作步骤	操作示意图	观察结果
1	接通交流电源，用万用表的交流挡测量变压器的输出电压，注意不要触碰初级线圈部分	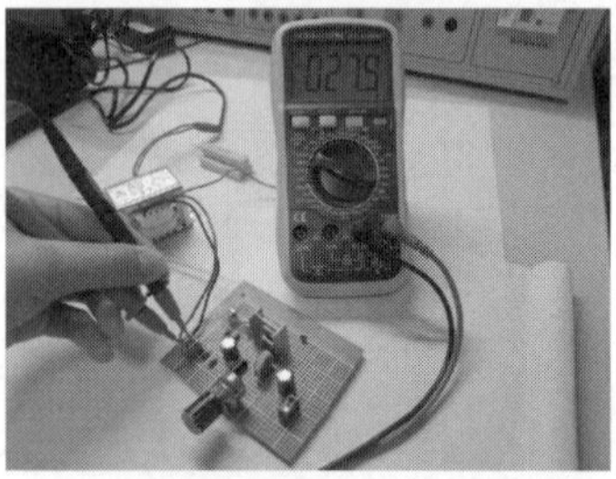	
2	将 3 个 10 W 10 Ω 电阻器并联，测量其总电阻	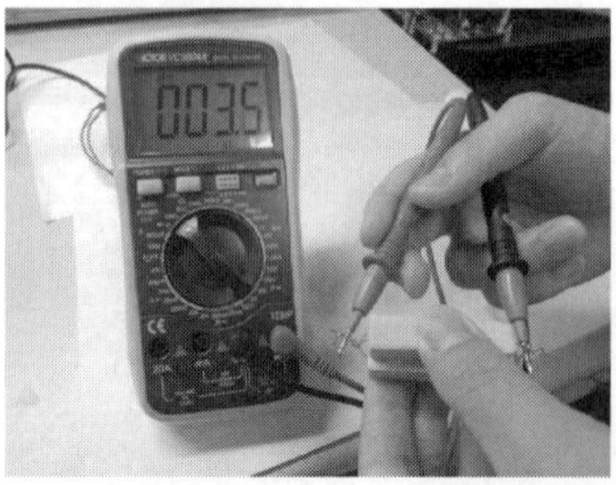	

续表

序号	操作步骤	操作示意图	观察结果
3	测量 LM2596 的 1 管脚对地的电压值，观察万用表的读数		
4	测量直流稳压电源的输出电压，观察万用表的读数		
5	接入 3 个 10 W 10 Ω 电阻器并联的电阻组，测量其输出电流		

3. 找出实物板中对应的电阻值，参照学习活动 2 中小资料给出的公式调节相关电阻，令输出电压为 5 V，同时给输出接上 1 个 10 W 10 Ω 的负载，测量输入和输出的电压、电流值，得到数据后，计算直流稳压电源的输入功率、输出功率以及其转换效率。

4. 在保证输出电压为 5 V 的情况下，若选用 10 V・A 变压器，还能输出 3 A 的电流吗?

5. 测量并绘制直流稳压电源的输出波形，分析其稳定度是否符合要求。

6. 测量分别以 7805 和 LM2596 为核心的直流稳压电源的电流值，记录其能承受的最大电流，并对两种不同电路能承受的最大电流进行比较。(提示：需经指导教师同意后方可通电)

二、交付验收

1. 填写直流稳压电源电路的技术参数报告。

技术参数报告

测试依据标准：企业标准。

模块名称：7805 和 LM2596 直流稳压电源电路　样板编号：________

测试条件：温度为________℃，湿度为________% RH，正常大气压。

测试过程：通电并调节两个直流稳压电源的参数，将功率为 30 W、电阻为 10 Ω 的水泥电阻器接入负载，调节 7805 和 LM2596 两个模块的输出电压为 5 V，反复测试 5 次，测量其模块的相关电学参数，并记录下关键参数和测试结果。

测试电路的关键参数：

序号	项目	**7805** 直流稳压电源电路	**LM2596** 直流稳压电源电路
1	输入电压	市电交流 220 V	市电交流 220 V
2	降压变压器	30 W 的交流 220 V 转交流 24 V	30 W 的交流 220 V 转交流 24 V
3	输出电压	直流 5 V	直流 5 V

测试过程指标及测试结果：

序号	项目	典型值	**7805** 直流稳压电源电路实测值	**LM2596** 直流稳压电源电路实测值
1	输出电压波形的稳定度（不带负载）	95% 以上		
2	输出电压波形的稳定度（带负载）	90% 以上		
3	输入功率（带负载）	—		
4	输出功率（带负载）	—		
5	转换效率	—		

测试结论（模块能否实现工作情境描述中的功能或性能指标）：

检验人：　　　　　　　　　　校核人：

检验日期：　　　　　　　　　校核日期：

2. 查阅相关资料，计算并比较 7805 和 LM2596 两个模块电路的电路成本，分析为何 LM2596 芯片的性能优于 7805 芯片，但在工程应用中，在两者均满足输出要求的情况下，仍然多采用 7805 芯片。(提示：根据成本数据进行分析说明)

3. 直流稳压电源的交付与验收。

(1) 按表 1—4—2 所列直流稳压电源验收标准进行验收并评分。

表 **1—4—2** 直流稳压电源验收标准及评分表

序号	验收项目	验收标准	配分（分）	项目负责人评分	备注
1	元器件安装	符合万能板元器件工位要求，布局合理，二极管、电容器等无极性错误，IC 芯片无方向错误，无少装现象。不合格，每处扣 1 分	20		
2	元器件焊接	焊点圆润、光滑，焊接时间恰当，成形好，无毛刺，无拉尖，无虚焊、漏焊和损坏元器件现象。不合格，每处扣 1 分	20		
3	整机装配质量	变压器安装正确，电源导线与电路连接正确，无极性错误，外观整洁、美观。不合格，每处扣 2 分	20		
4	整机功能测试	通电后能正常进行电压转换，并能调节输出电压的大小，电路正常。不合格，每处扣 2 分	20		
5	直流稳压电源调试	能正确使用仪器仪表测试电路中关键点的电气参数，能排除简单故障，正确调试直流稳压电源。不合格，每处扣 2 分	20		
项目负责人对直流稳压电源的验收评价成绩					

(2) 记录验收过程中存在的问题，小组讨论解决问题的方法，并填入表 1—4—3 中。

(3) 直流稳压电源验收结束后，整理材料和工具，归还领用物品，并填写直流稳压电源交付清单，见表 1—4—4。

表 **1—4—3**　　验收过程问题记录表

序号	验收中存在的问题	改进和完善措施	完成时间	备注
1				
2				
3				
4				
5				

表 **1—4—4**　　直流稳压电源交付清单

<table>
<tr><td>任务名称</td><td colspan="3"></td><td>接单日期</td><td></td></tr>
<tr><td>工作地点</td><td colspan="3"></td><td>交付日期</td><td></td></tr>
<tr><td rowspan="2">三方评价结果
(百分制)</td><td>自我评价</td><td>小组评价</td><td>项目负责人评价</td><td rowspan="2">验收结论
(百分制)</td><td rowspan="2"></td></tr>
<tr><td></td><td></td><td></td></tr>
<tr><td colspan="6">材料及工具归还清单</td></tr>
</table>

序号	材料及工具名称	型号和规格	数量	备注
1				
2				
3				
4				
5				
6				
7				
8				
项目负责人 （签名）	年　月　日		团队负责人 （签名）	年　月　日

三、整理工作现场

按生产现场管理 6S 标准，整理工作现场，清除作业垃圾，关闭现场电源，经指导教师检查合格后方可离开工作现场。

评价与分析

根据每个小组成员在本活动学习过程中的表现情况填写《学习任务过程性考核记录表》。

学习活动5　工作总结与评价

学习目标

1. 能按分组情况，派代表展示工作成果，说明本次任务的完成情况，并做分析总结。

2. 能正确核算成本，在保证性能的情况下选取合理的电源模块实现方式。

3. 能结合任务完成情况，正确规范地撰写工作总结（心得体会）。

4. 能对学习与工作进行反思总结，并能与他人开展良好合作，进行有效沟通。

建议学时：4学时。

学习过程

一、个人、小组评价

以小组为单位，选择演示文稿、展板、海报、视频等形式中的一种或几种，向全班展示、汇报制作成果。在展示的过程中，以小组为单位进行评价；评价完成后，根据其他小组成员对本组展示成果的评价意见进行归纳总结。

二、教师评价

认真听取教师对本小组展示成果优缺点以及在完成工作过程中出现的亮点和不足的评价意见，并做好记录。

1. 教师对本小组展示成果优点的点评。

2. 教师对本小组展示成果缺点以及改进方法的点评。

3. 教师对本小组在整个任务完成过程中出现的亮点和不足的点评。

三、核算成本

填写表1—5—1，完成直流稳压电源的成本核算，并与其他小组进行比较，成本最低者可获得加分。

表1—5—1　　直流稳压电源成本核算单

序号	元器件名称	价格	购买途径或网址
1	LM2596		
2			
3			
4			
5			

四、工作过程回顾及总结

1. 总结完成直流稳压电源装配与调试任务过程中遇到的问题和困难，列举2～3点你认为比较值得和其他同学分享的工作经验。

2. 回顾本学习任务的工作过程，对新学专业知识和技能进行归纳和整理，写一篇字数不少于 800 字的工作总结。

工 作 总 结

评价与分析

按照客观、公正和公平原则，在教师的指导下按自我评价、小组评价和教师评价三种方式对自己或他人在本学习任务中的表现进行综合评价。综合等级按 A（90～100）、B（75～89）、C（60～74）、D（0～59）四个级别进行填写，见表 1—5—2。

表 **1—5—2**　　学习任务综合评价表

考核项目	评价内容	配分（分）	评价分数		
			自我评价	小组评价	教师评价
职业素养	劳动保护用品穿戴完备，仪容仪表符合工作要求	5			
	安全意识、责任意识、服从意识强	6			
	积极参加教学活动，按时完成各项学习任务	6			
	团队合作意识强，善于与人交流和沟通	6			
	自觉遵守劳动纪律，尊敬师长，团结同学	6			
	爱护公物，节约材料，管理现场符合 6S 标准	6			
专业能力	专业知识扎实，有较强的自学能力	10			
	操作积极，训练刻苦，具有一定的动手能力	15			
	技能操作规范，注重安装工艺，工作效率高	10			

续表

<table>
<tr><th rowspan="2">考核项目</th><th rowspan="2">评价内容</th><th rowspan="2">配分(分)</th><th colspan="3">评价分数</th></tr>
<tr><th>自我评价</th><th>小组评价</th><th>教师评价</th></tr>
<tr><td rowspan="2">工作成果</td><td>产品装配符合工艺规范，产品功能满足要求</td><td>20</td><td></td><td></td><td></td></tr>
<tr><td>工作总结符合要求，产品制作质量高</td><td>10</td><td></td><td></td><td></td></tr>
<tr><td colspan="2">总分</td><td>100</td><td></td><td></td><td></td></tr>
<tr><td rowspan="2">总评</td><td rowspan="2">自我评价×20%＋小组评价×20%＋教师评价×60%＝</td><td>综合等级</td><td colspan="3" rowspan="2">教师（签名）：</td></tr>
<tr><td></td></tr>
</table>

学习任务二　逻辑笔电路的装配与调试

学习目标

1. 能根据工作情境描述，明确任务要求，填写逻辑笔电路的装配与调试工作单。

2. 能举例说明数字电路的应用，描述高低电平、高阻态、脉冲和逻辑门的概念，并能正确使用仪器仪表测量高低电平。

3. 能通过网络查找 LM324 芯片的技术文档，并能从中获取芯片的关键参数和典型电压比较电路图等。

4. 能与小组内成员进行有效沟通，共同制订本任务工作计划。

5. 能分析逻辑笔电路的工作原理，并能进行逻辑笔电路的简单分析计算。

6. 能通过分析电路图列出其真值表，建立电路黑匣子与模块的概念。

7. 能根据任务要求，制定逻辑笔电路的装配与调试工作方案。

8. 能根据需要正确选择焊接材料，如焊锡的线径、助焊剂含量、含铅量和焊接温度等。

9. 能根据任务要求准备装配工具和仪表，领用、核对所需元器件，识别并检测电阻器、LED 灯和电容器等电子元器件。

10. 能根据万能板的尺寸合理进行模块电路的布局和布线，并按工艺要求完成逻辑笔电路的装配。

11. 能使用万用表、示波器等仪器仪表进行逻辑笔电路板功能的检测。

12. 能正确填写逻辑笔电路的装配与调试测试报告，并完成交付验收工作。

13. 能正确核算成本，在保证性能的情况下选取合理的逻辑笔电路实现方式。

14. 能按生产现场管理 6S 标准，清除现场垃圾并整理现场。

建议学时

36 学时

工作情境描述

数字仪表厂需要制作一批逻辑笔测量仪表，研发人员已经以 LM324 芯片为主体设计出一款能测量高低电平和高阻态的逻辑笔电路，现将具体测试任务交给我校在该企业进行实习并担任助理工程师的电子班学生。助理工程师需要根据研发人员设计的图纸制作一个以 LM324 为主体的逻辑笔万能板电路，测试其能否满足测量高低电平和高阻态的功能，要求 4 天内交付样品和测试结果。

工作流程与活动

1. 明确工作任务，认知逻辑笔（6 学时）
2. 识读电路原理图，制定工作方案（6 学时）
3. 逻辑笔电路的装配（12 学时）
4. 逻辑笔电路的调试与验收（8 学时）
5. 工作总结与评价（4 学时）

学习活动1　明确工作任务，认知逻辑笔

学习目标

1. 能根据工作情境描述，明确任务要求，填写逻辑笔电路的装配与调试工作单。

2. 能描述高低电平、高阻态、脉冲和逻辑门的概念。

3. 能指出万用表测量高阻态的局限性，并说明利用逻辑笔测量动态波形的优越性。

4. 能通过网络查找LM324芯片的技术文档，并能从中获取芯片的关键参数和典型电压比较电路图等。

建议学时：6学时。

学习过程

一、填写工作单

阅读工作情境描述及相关资料，根据实际情况填写表2—1—1所列工作单。

表2—1—1　逻辑笔电路的装配与调试工作单

任务名称				接单日期	
工作地点				任务周期	
工作内容					
提供物料					
调试项目					
项目负责人姓名		联系电话		验收日期	
团队负责人姓名		联系电话		团队名称	
备注					

二、认知逻辑笔

逻辑笔是采用不同颜色的指示灯表示数字电平高低的仪器，它是测量数字电路的一种较简便的工具，使用逻辑笔可以快速测量出数字电路中有故障的芯片。逻辑笔上一般有 2 ~ 3 只信号指示灯，如图 2—1—1 所示，一般红灯表示高电平，绿灯表示低电平，黄灯表示所测信号为脉冲信号。

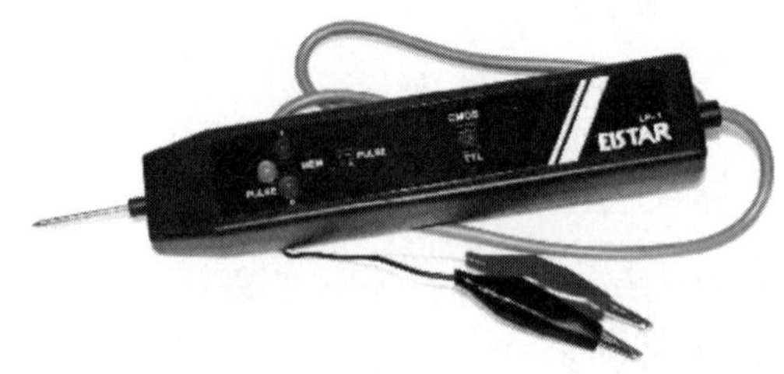

图 2—1—1

1．查阅相关资料，结合图 2—1—2 说明什么是高电平，什么是低电平。

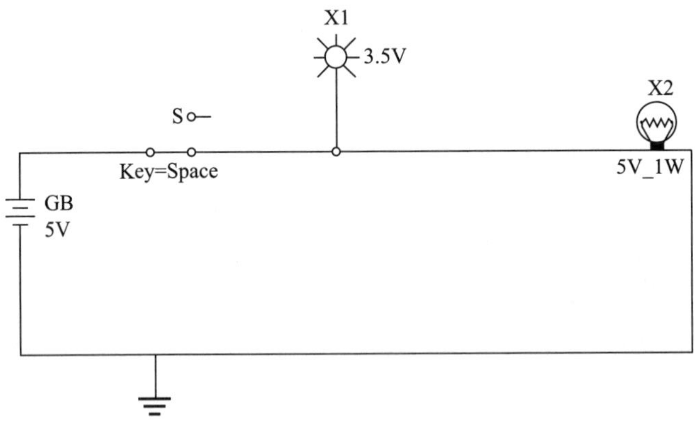

图 2—1—2

2. 数字电路中除了高低电平以外，还有第三种状态吗？试测量图 2—1—3 中 OC 门输出状态的高低电平和电阻。

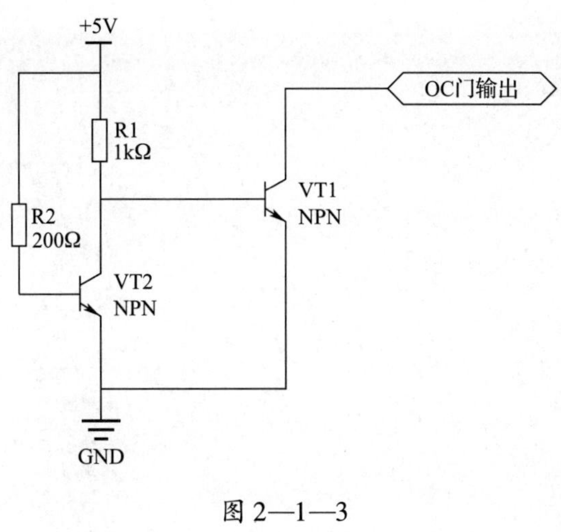

图 2—1—3

3. 测量高低电平和高阻态时，都可以使用万用表吗？为什么？

4. 用万用表和示波器分别测量 MP3 的输出电压，仔细观察图 2—1—4 所示用示波器测得的 MP3 的输出波形的变化，并说明利用万用表测量脉冲信号的局限性。

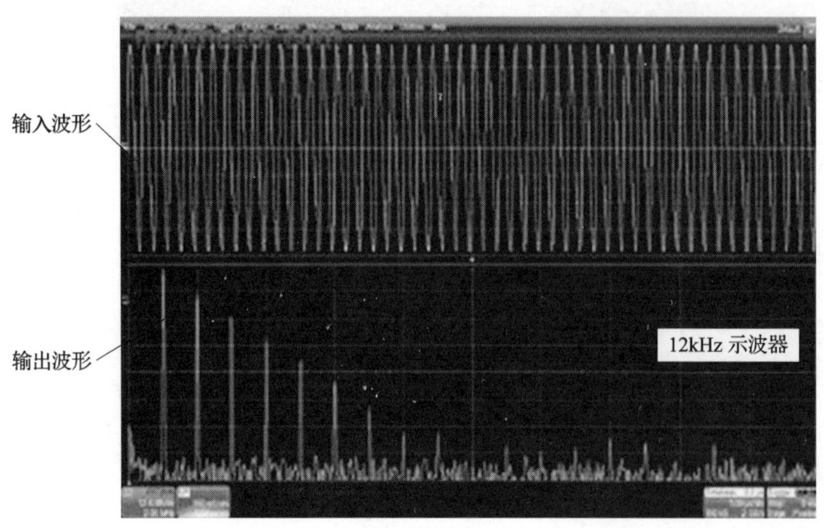

图 2—1—4

5. 查阅相关资料，简述逻辑笔的使用方法，并思考逻辑笔除了能测量高低电平以外，是否还能测量高阻态和脉冲信号。

6．利用逻辑笔能进行粗略的波形鉴定吗？试分析其可行性。

三、查找并收集装配逻辑笔电路所需芯片的信息

1．通过网络查找图 2—1—5 所示 LM324 芯片的技术文档（即数据手册），并记录下查找出的技术文档的网址。

图 2—1—5

2．阅读 LM324 芯片的技术文档，写出其最大输入电压和最大输出电流。

3. 查阅数字电路相关资料，解释什么是逻辑门。

4. 如图 2—1—6 所示图形符号分别代表什么逻辑门？其作用是什么？

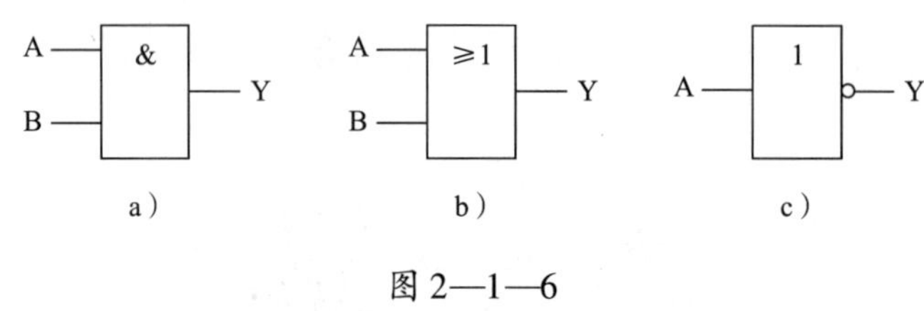

图 2—1—6

5. 从 LM324 芯片的技术文档中找出其典型的电压比较器电路，并绘制出来。

四、制订工作计划

查阅相关资料，了解模块电路装配与调试的基本步骤，根据任务要求，制订本小组的工作计划，并填入表 2—1—2 中。

表 2—1—2　　逻辑笔电路的装配与调试工作计划表

团队名称		团队编号		任务名称		任务起止日期		
步骤	计划名称	工作内容				预计完成日期	预计工时	备注
1								
2								
3								
4								
5								
6								

教师审核意见：

教师（签名）：＿＿＿＿＿　　制订计划人（签名）：＿＿＿＿＿

年　月　日

评价与分析

根据每个小组成员在本活动学习过程中的表现情况填写《学习任务过程性考核记录表》。

学习活动 2　识读电路原理图，制定工作方案

学习目标

1. 能识读逻辑笔电路，列出装配逻辑笔电路所需的元器件。

2. 能识别运算放大器组成的电压比较器模型，并能对运算电路进行分析。

3. 能利用仿真软件搭建逻辑笔仿真电路，并进行仿真验证。

4. 能分析 LM324 芯片和或门电路的工作原理，完善电路方框图，简述其工作过程，并能进行逻辑笔电路的简单分析计算。

5. 能通过分析电路图列出其真值表，建立电路黑匣子与模块的概念。

6. 能合理分工，制定并展示逻辑笔电路的装配与调试工作方案。

建议学时：6 学时。

学习过程

一、识读逻辑笔电路原理图

1. 识读图 2—2—1 所示逻辑笔电路原理图，列出装配逻辑笔电路所需的元器件，并填入表 2—2—1 中。

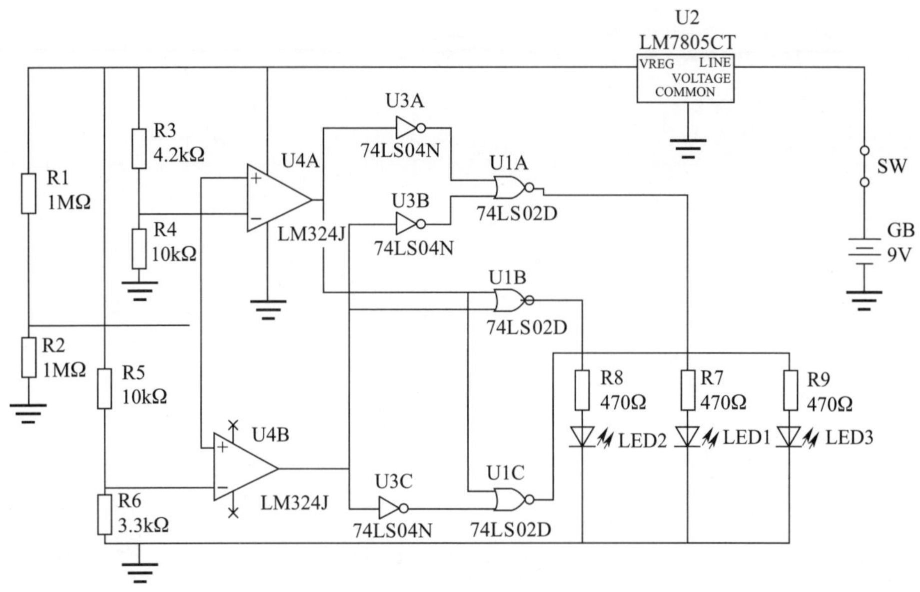

图 2—2—1

表 **2—2—1**　　逻辑笔电路元器件清单

序号	元器件名称	文字符号	型号和规格	数量	备注
1					
2					
3					
4					
5					
6					
7					
8					
9					
10					
11					
12					

2. 查阅相关资料，说明什么是集成逻辑门电路，列举常用 74LS 系列 TTL 集成逻辑门电路的型号，并查找 74LS04、74LS02 芯片的技术文档，找出这两种芯片上分别集成了多少个与或非门。

3. 认识电压比较器。

（1）假设有一只盒子，其只有3个外部引脚：两个输入端A和B，一个输出端C。当A端输入的电压大于B端时，C端输出高电压；当B端输入的电压大于A端时，C端输出低电压。形象地说，这只盒子就是一个电压比较器，具有比较电压大小的作用。而且为了更好地区分A、B端与C端的关系，通常在A端标注“+”号表示同相端，在B端标注“-”号表示异相端，如图2—2—2所示。

图2—2—2

这种对其内部的具体结构并不关心，只对其外部各引脚的电气关联感兴趣，即只对输入什么信号以及输出信号与输入信号的关系感兴趣，而不关注其内部利用了什么方法或者什么电路组态来实现这个功能的研究电路的方法，称为黑匣子方法。这种方法在分析电子电路尤其是模块电路时经常会用到，是做较为复杂的电路设计的一种基础思想。

试结合图2—2—2，查阅相关资料，打开Multisim 10仿真软件，拉取表2—2—2所列元器件到软件绘图界面，并按图2—2—3进行连线，搭建如图2—2—3所示电压比较器仿真电路。

表2—2—2　　电压比较器仿真电路所需元器件清单

序号	元器件编号	元器件名称	所在仿真库
1	U	运算放大器	Analog_Virtual
2	R3	电阻器	Resistor
3	LED	发光二极管	Led
4	R1 ~ R2	可调电阻器	PotentioMeter

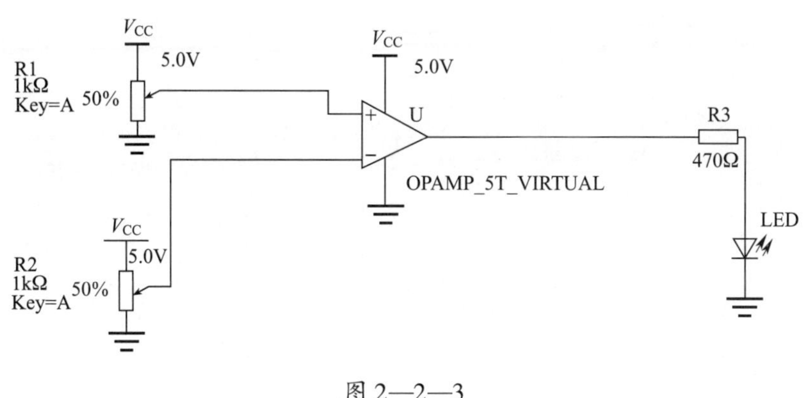

图 2—2—3

（2）单击仿真启动按钮，调节图 2—2—3 所示电路中可调电阻器 R1 和 R2 的阻值，观察 LED 的变化，分别用万用表测量运算放大器两输入脚的电压，分析其输入和输出的关系。

4．搭建逻辑笔仿真电路，进行仿真验证。

（1）利用 Multisim 10 仿真软件按照图 2—2—1 搭建逻辑笔仿真电路，其具体元器件清单见表 2—2—3。

表 2—2—3　　逻辑笔仿真电路所需元器件清单

序号	元器件编号	元器件名称	所在仿真库
1	R1 ~ R9	电阻器	Resistor
2	U4	LM324J 运算放大器	Analog_Virtual
3	U3	74LS04 非门	TTL
4	U1	74LS02 与或门	TTL
5	U2	7805 三端稳压器	Voltage_Regulator
6	GB	电池	Power_Source
7	LED1 ~ LED3	发光二极管	Led
8	SW	开关	Switch

（2）单击仿真启动按钮 ，观察 LED1、LED2 和 LED3 的状态。

5. 完成逻辑笔电路的仿真验证后，结合观察到的仿真结果分析逻辑笔电路的工作原理，补全图 2—2—4 中的空白框，并简述逻辑笔电路的工作过程。

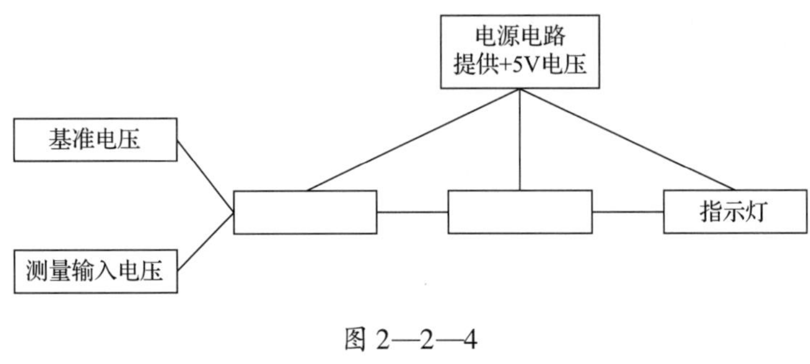

图 2—2—4

6. 逻辑笔电路基准电压的计算。假设电源电压为 +5 V，由于 LM324 芯片为运算放大器，其输入电阻可以认为无穷大，故可以认为基准电压基本上是由两电阻的串联分压构成的。

（1）查阅相关资料，结合图 2—2—5 计算逻辑笔电路的高阻态电压。

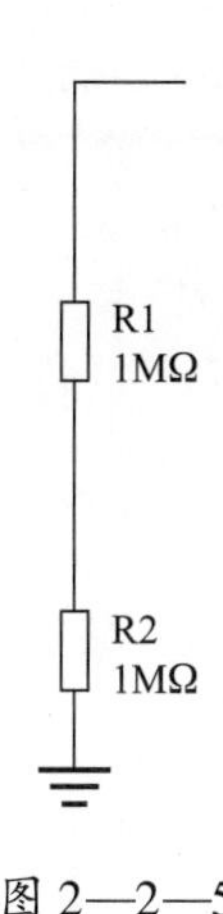

图 2—2—5

（2）查阅相关资料，结合图 2—2—6 计算逻辑笔电路的高基准电压。

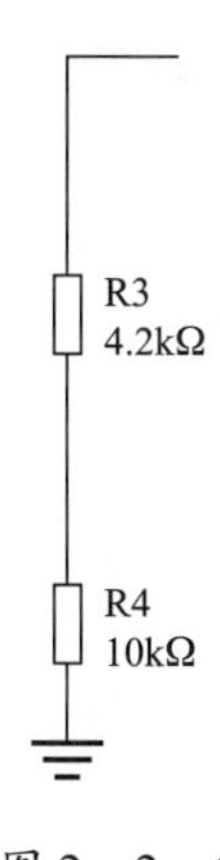

图 2—2—6

（3）查阅相关资料，结合图 2—2—7 计算逻辑笔电路的低基准电压。

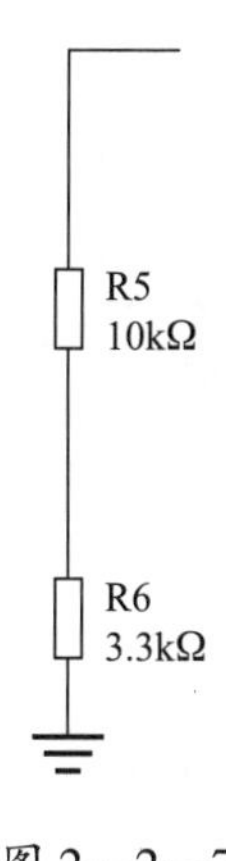

图 2—2—7

7. 驱动 LED 灯电路的分析计算。普通 LED 灯正常发光的电流为 5～20 mA，正常工作电压为 1.5～3 V，若直接加 5 V 正电源很容易将二极管烧毁，但是数字电路的电压大小规定是5 V，为了能在不改变电源电压的情况下确保LED灯正常发光，工程上常用的方法是在5 V电源和LED灯之间串联一个电阻。查阅相关资料，结合图2—2—8分析该电阻的阻值能否任意选取。如不能，其所需阻值应选多大？

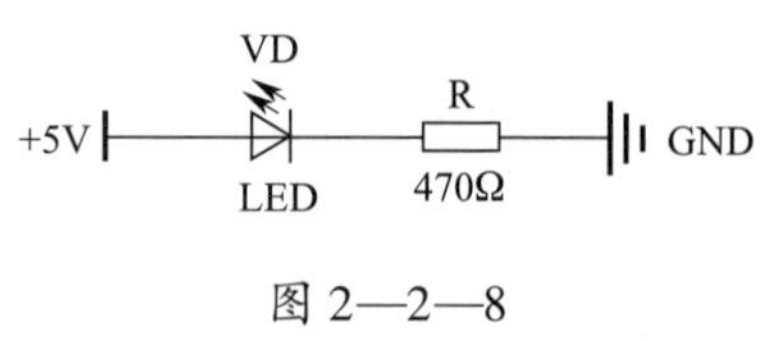

图2—2—8

8. 如图2—2—9所示为LM324芯片的引脚图，查阅LM324芯片的技术文档，完成下列任务。

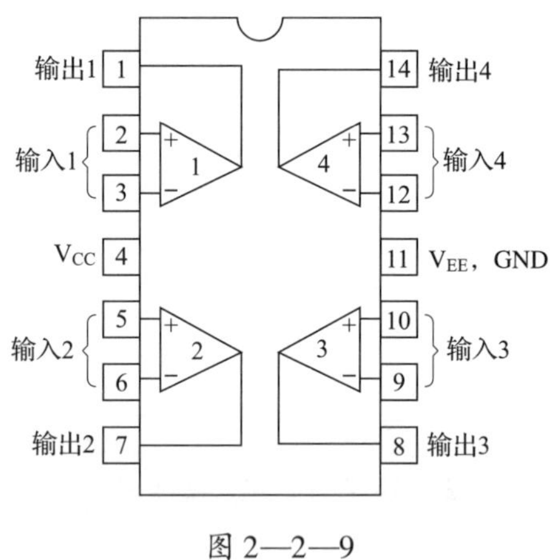

图2—2—9

（1）在表2—2—4中写出LM324芯片各引脚的名称，并解释主要引脚的功能。

表**2—2—4** **LM324**芯片引脚功能表

引脚号	引脚名称	引脚功能	引脚号	引脚名称	引脚功能
1			8		
2			9		
3			10		
4			11		
5			12		
6			13		
7			14		

（2）将 LM324 芯片的输出作为逻辑电路的输入，试分别分析当 U4A 和 U4B 的输出分别为高、低电平时，逻辑电路的输出应为多少，并补全表 2—2—5 所列真值表。

表 2—2—5　逻辑笔电路真值表

U4A	U4B	LED1	LED2	LED3
低电平	低电平			
低电平	高电平			
高电平	低电平			
高电平	高电平			

（3）利用 Multisim 10 仿真软件中的逻辑转化器将之前的真值表转换成逻辑电路，如图 2—2—10 所示，生成最简单的电路形式，并绘制出来。

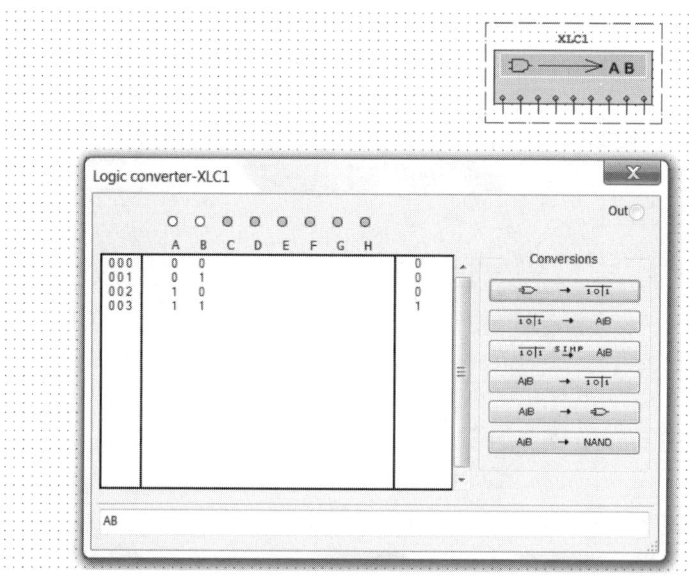

图 2—2—10

二、制定工作方案

根据本组成员的不同特点进行合理分工，制定本小组装配与调试逻辑笔电路的工作方案，展示并决策出最佳工作方案，填入表 2—2—6 中。

表 **2—2—6** 逻辑笔电路装配与调试工作方案

<table>
<tr><td>任务名称</td><td colspan="2"></td><td>工作任务起止日期</td><td></td><td>制定方案日期</td><td colspan="2"></td></tr>
<tr><td>序号</td><td>实施步骤</td><td colspan="3">工作内容</td><td>所需资料、材料及工具</td><td>负责人</td><td>参与人员</td></tr>
<tr><td>1</td><td></td><td colspan="3"></td><td></td><td></td><td></td></tr>
<tr><td>2</td><td></td><td colspan="3"></td><td></td><td></td><td></td></tr>
<tr><td>3</td><td></td><td colspan="3"></td><td></td><td></td><td></td></tr>
<tr><td>4</td><td></td><td colspan="3"></td><td></td><td></td><td></td></tr>
<tr><td>5</td><td></td><td colspan="3"></td><td></td><td></td><td></td></tr>
<tr><td>6</td><td></td><td colspan="3"></td><td></td><td></td><td></td></tr>
</table>

教师审核意见：

教师（签名）：__________ 决策人（签名）：__________

年 月 日

评价与分析

根据每个小组成员在本活动学习过程中的表现情况填写《学习任务过程性考核记录表》。

学习活动3　逻辑笔电路的装配

学习目标

1. 能正确领取装配逻辑笔电路所需的元器件、工具及材料。

2. 能正确识别与检测电阻器、LED灯和电容器等电子元器件。

3. 能正确选取合适的焊接材料，如焊锡的线径、助焊剂含量、含铅量和焊接温度等。

4. 能根据万能板的尺寸合理进行模块电路的布局和布线，并按工艺要求装配逻辑笔电路。

建议学时：12学时。

学习过程

一、逻辑笔电路装配前准备

1. 准备万能板制作工具与材料

结合图2—3—1所示常用模块电路制作工具，填写表2—3—1所列完成本任务所需的主要工具与材料清单，并按该表所列清单领取、清点和检查万能板制作工具与材料。

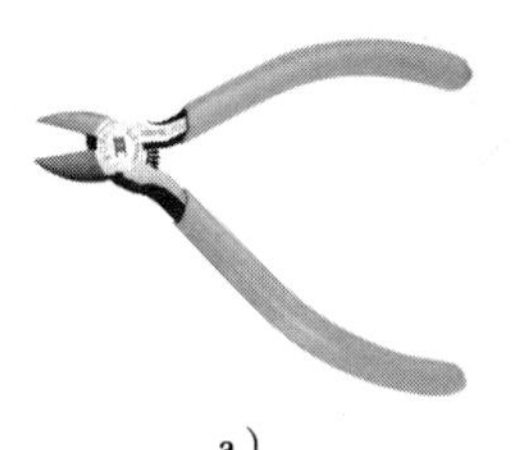

a）

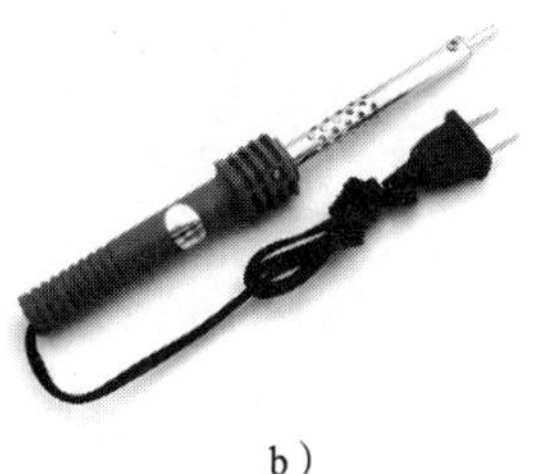

b）

c）

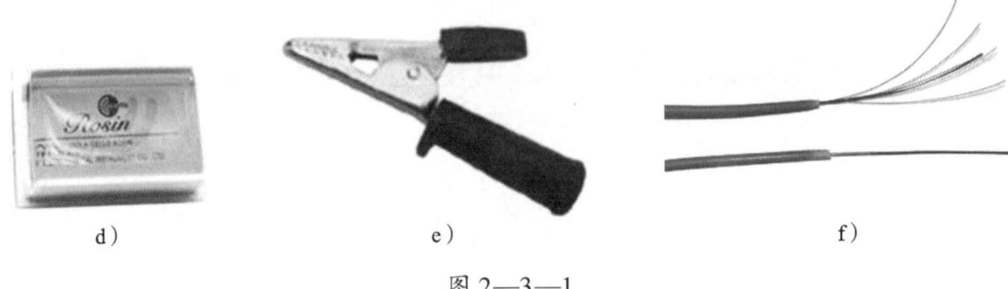
d） e） f）

图 2—3—1

表 2—3—1 万能板制作工具与材料清单

序号	材料及工具名称	型号和规格	数量	备注
1				
2				
3				
4				
5				
6				

2. 逻辑笔电路板预布局

（1）根据表 2—2—1 所列逻辑笔电路元器件清单准备实施逻辑笔电路板预布局所需的元器件。

（2）以图 2—2—1 所示原理图和图 2—3—2a 所示逻辑笔电路布局参考图为样板，确定核心器件的位置，然后用铅笔进行走线连接，绘制电路板预布局点阵图。

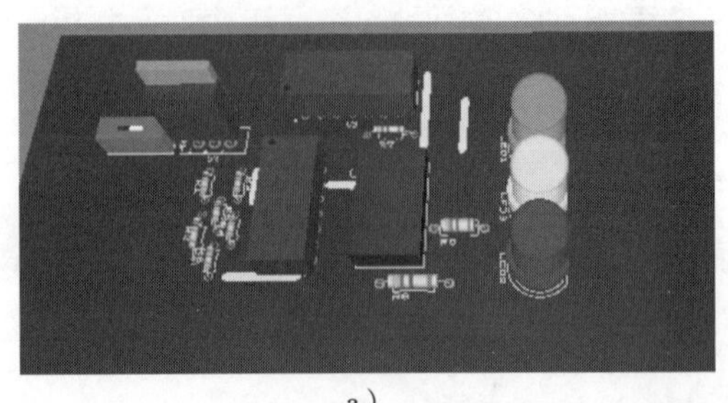
a）

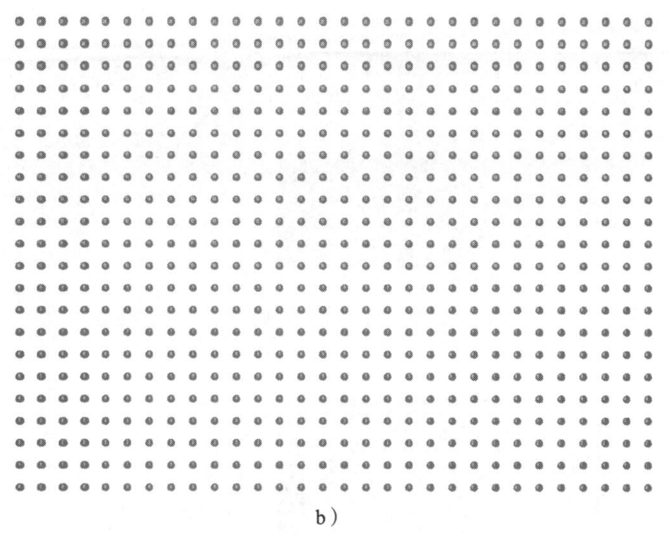

b）

图 2—3—2

a）布局参考图　b）预布局点阵图

（3）在电子实训场地，按表 2—3—2 所列操作步骤完成逻辑笔电路板的预布局，并将该表中的操作要点和注意事项补充完整。

表 **2—3—2**　逻辑笔电路板的预布局

序号	操作步骤	操作示意图	操作要点	注意事项
1	万能板预处理			
2	元器件布局			

续表

序号	操作步骤	操作示意图	操作要点	注意事项
3	裁剪光线，进行布线	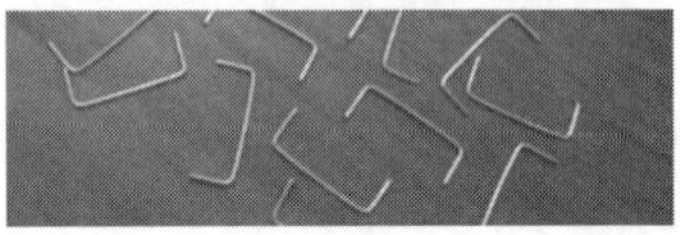		
4	焊接元器件，并修剪引脚	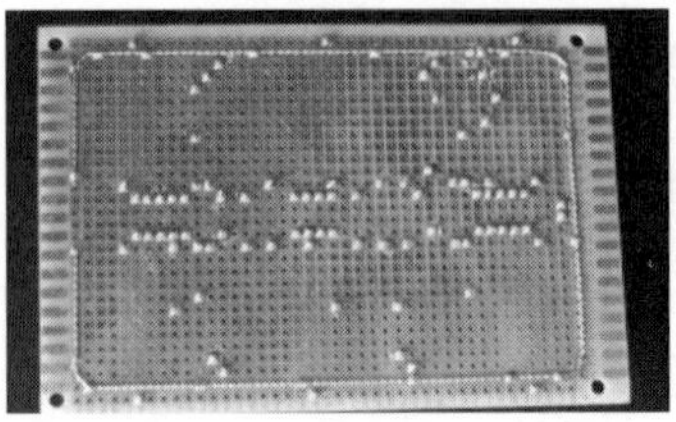		
5	焊接走线	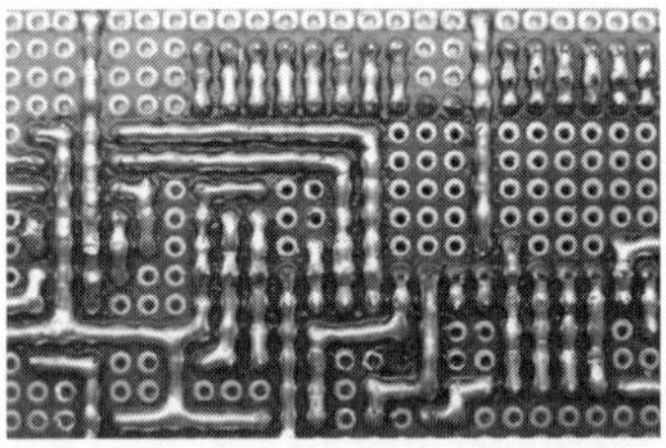		
6	焊接跳线			

（4）结合预布局过程中遇到的问题，修正逻辑笔电路板布局图，并记录在图 2—3—3 中。

二、逻辑笔电路的装配

1. 领取装配逻辑笔电路的套件及工具

（1）填写装配逻辑笔电路所需的套件及工具领用单（见表 2—3—3），每人领用一组。

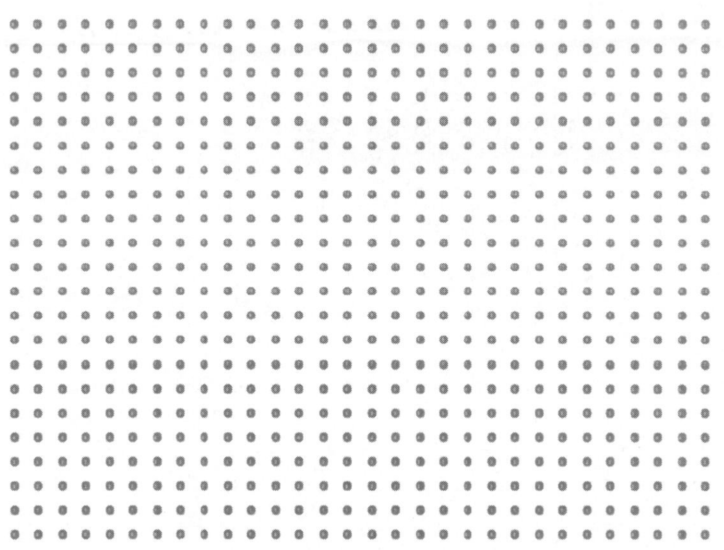

图 2—3—3

表 **2—3—3**　　装配逻辑笔电路所需的套件及工具领用单

任务名称			指导教师	
序号	套件及工具名称	型号或规格	数量	目测外观情况
1				
2				
3				
4				
5				
6				
7				
8				
9				

发放人（签名）：__________

领用人（签名）：__________

年　　月　　日

（2）对照图 2—3—4 所示逻辑笔电路原理图和实物图，识别逻辑笔电路套件中各电子元器件的名称，分类清点元器件的数量，填写表 2—3—4 所列逻辑笔电路元器件清单。

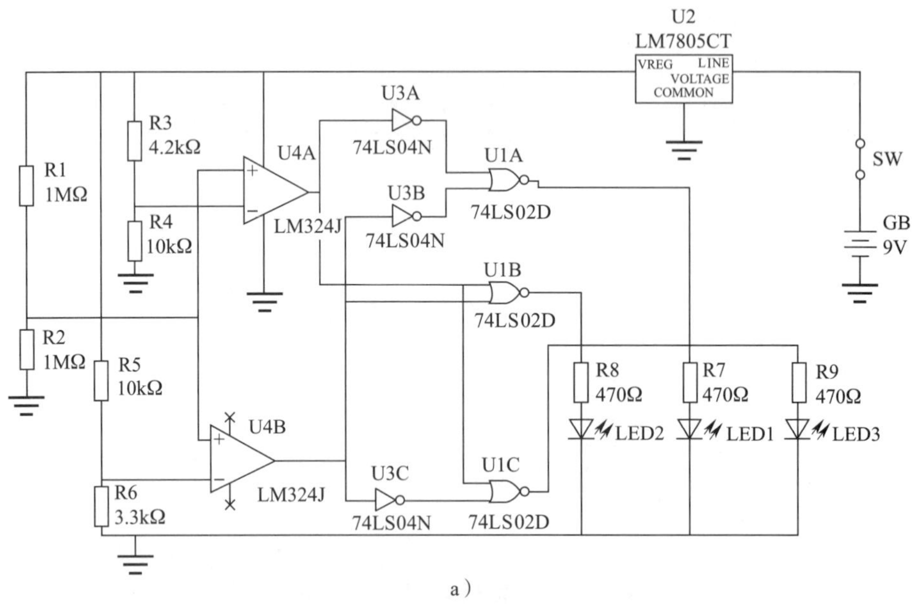

a）

b）

图 2—3—4

表 **2—3—4** 逻辑笔电路元器件清单

序号	工位号	图形符号	元器件名称	型号或规格	数量	备注
1	R7、R8、R9					
2	R6					
3	R3					
4	R4、R5					
5	R1、R2					
6	U1					

续表

序号	工位号	图形符号	元器件名称	型号或规格	数量	备注
7	U4					
8	U3					
9	U2					
10	LED1					
11	LED2					
12	LED3					
13	SW					
14	GB					
15	探针					
备注						

2. 检测元器件

按照电子产品生产工艺要求，进行元器件装配前首先要检测元器件功能的好坏（见表2—3—5），并对有质量问题的元器件做好标记。

表 **2—3—5**　　主要元器件的检测

序号	检测内容	操作示意图	操作提示
1	电池	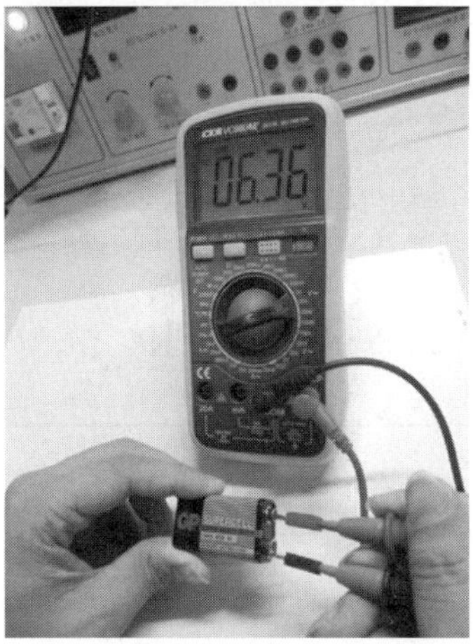	如左图所示，测量电池电压时，若低于标称值，则说明其电量________（A. 增大　B. 降低）。测量时红色表笔应接到电池的________（A. 正极　B. 负极）

续表

序号	检测内容	操作示意图	操作提示
2	LED 灯	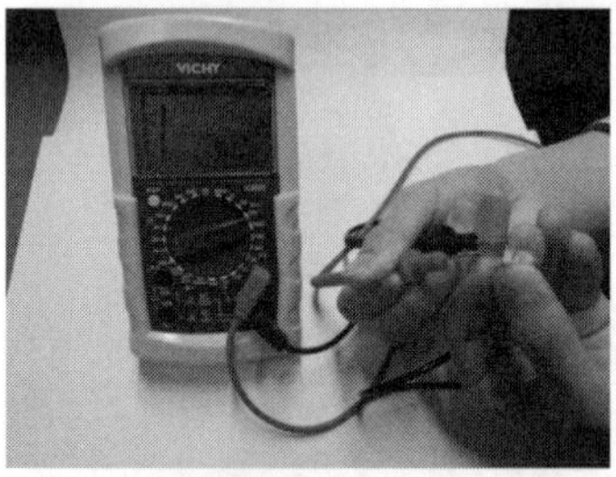 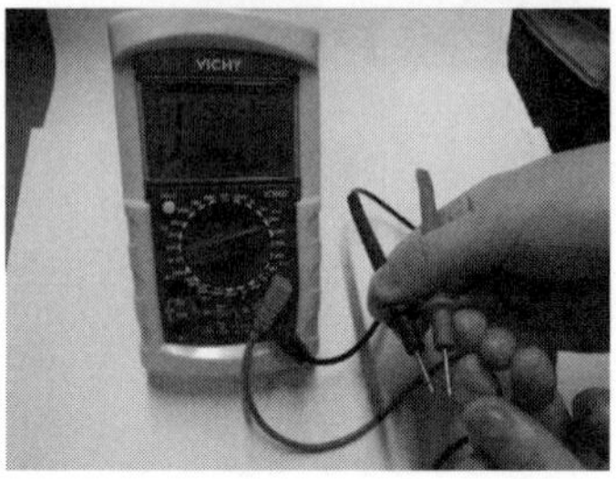	测量 LED 灯时，应将数字式万用表打到________挡，图示测量 LED 灯是________的（A. 正常　B. 不正常）。测量时红色表笔应接到 LED 灯的________（A. 长脚　B. 短脚）
3	色环电阻器		用万用表的电阻挡进行色环电阻器阻值的检测，检测结果是________Ω
4	熔丝	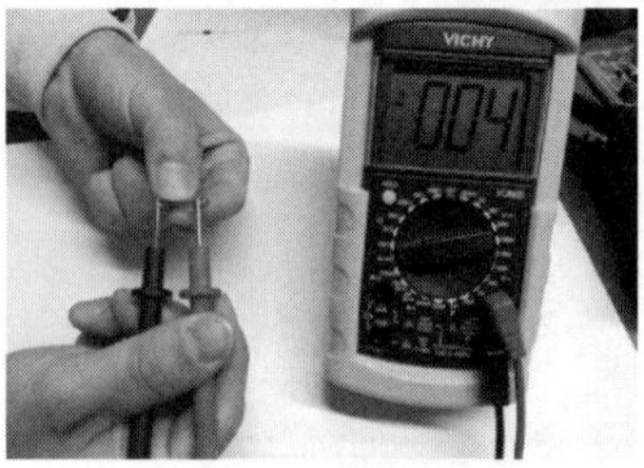	用万用表的二极管挡测量熔丝的好坏，图示熔丝是________（A. 好的　B. 坏的）

3. 装配电路板

(1) 根据电子焊接工艺要求，按装配的先后顺序以数字形式对下面待装配的元器件进行编号。

电阻器（　　）　电容器（　　）　接口端子（　　）　LED 灯（　　）
IC 芯片（　　）　熔丝（　　）　散热片（　　）　探针（　　）
三端稳压器（　　）　开关（　　）

（2）按电路板工艺要求完成逻辑笔电路板的装配，总结各步骤的操作要领，并填入表 2—3—6 中。

表 **2—3—6**　　逻辑笔电路板的装配

序号	装配步骤	操作示意图	操作要领
1	插装、焊接色环电阻器	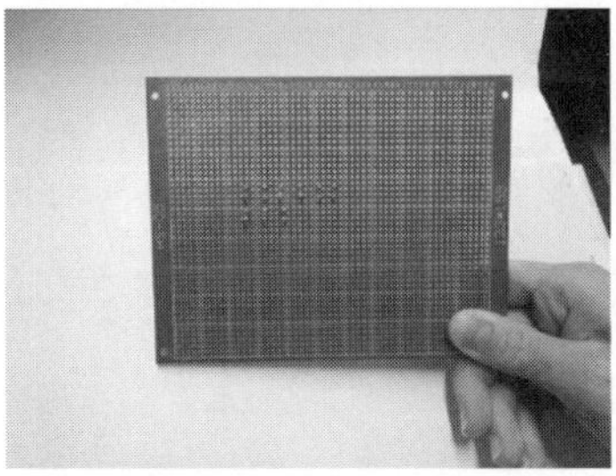	
2	插装、焊接 IC 芯片		
3	插装、焊接 LED 灯		
4	插装、焊接三端稳压器、接口端子、熔丝和探针等	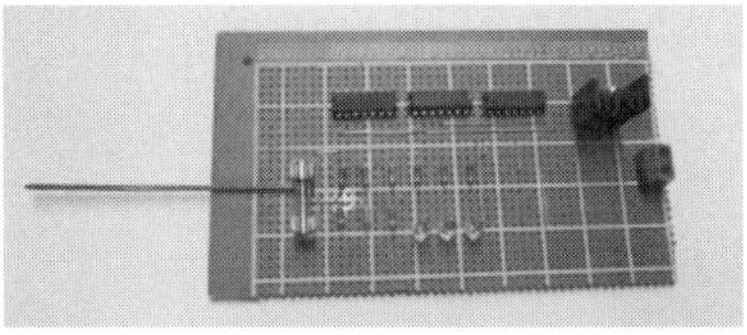	

4. 整机装配

装配逻辑笔电路整机，效果如图 2—3—5 所示。小组讨论并总结出装配电池时应注意哪些事项。

图 2—3—5

评价与分析

根据每个小组成员在本活动学习过程中的表现情况填写《学习任务过程性考核记录表》。

学习活动 4　逻辑笔电路的调试与验收

学习目标

1. 能正确使用万用表测试逻辑笔电路的输入电压和输出电压、电流等电学参数，并验证其功能。

2. 能使用万用表、示波器测量数字逻辑电平，并与逻辑笔测量的结果进行对比分析。

3. 能正确填写逻辑笔电路的装配与调试测试报告，并完成交付验收工作。

4. 能就本次任务中出现的问题提出改进措施。

建议学时：8 学时。

学习过程

一、通电调试

1. 通电测试前，先用万用表测量探针对地电阻，小组讨论探针对地电阻在什么范围内才可通电测试。

2. 按照表 2—4—1 所列操作步骤进行逻辑笔电路的功能测试，并记录观察结果。

表 **2—4—1** 逻辑笔电路功能测试

序号	操作步骤	操作示意图	观察结果
1	接入 9 V 电池，打开开关，观察 LED 指示灯	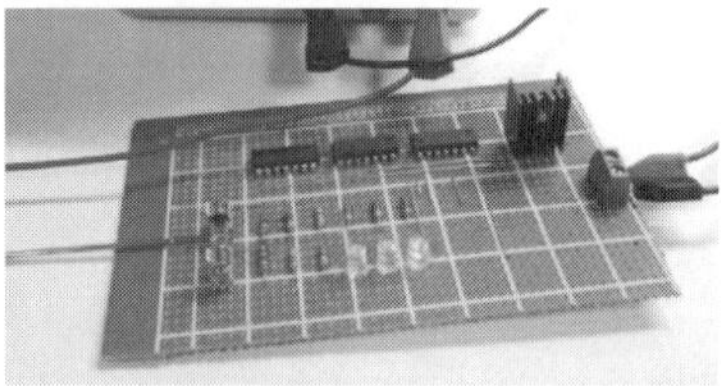	
2	将逻辑笔的黑色鳄鱼钳夹到被测电路的地端，并用表笔测试高电平		
3	将逻辑笔的黑色鳄鱼钳夹到被测电路的地端，并用表笔测试低电平		
4	将逻辑笔的黑色鳄鱼钳夹到被测电路的地端，并用表笔测试高阻态		

3．用万用表测量图 2—1—3 所示电路，观察万用表能否测量高阻态。

4．用万用表测量阶跃信号，观察测量结果如何，并分析其原因。

5．用逻辑笔测量脉冲信号，如图 2—4—1 所示，观察测量结果如何，并分析其原因。

图 2—4—1

6．用逻辑笔测量正弦波信号，如图 2—4—2 所示，观察测量结果如何，并总结出逻辑笔能测量的信号。

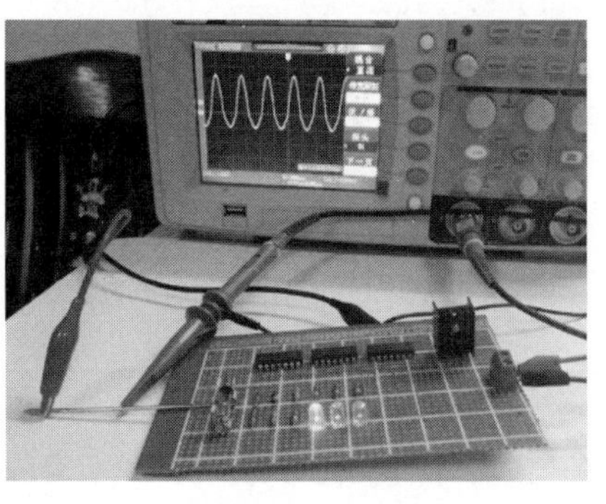

图 2—4—2

二、交付验收

1. 填写逻辑笔电路的技术参数报告。

技术参数报告

测试依据标准：企业标准。

模块名称：逻辑笔电路　样板编号：____________

测试条件：温度为________℃，湿度为________%RH，正常大气压。

测试过程：用9 V电池供电，并将逻辑笔的负极夹在被测电路的地中进行测量，然后与用万用表等仪器测试的结果进行对比，反复测试5次，观察其模块的精度，并记录下关键参数和测试结果。

测试电路的关键参数：

项目	采用值或调节值
供电电压	直流9 V

测试过程指标及测试结果：

序号	项目	典型值	实测值	是否达标
1	测量高电平时的电压范围	3.25～5 V		
2	测量低电平时的电压范围	0～1.25 V		
3	测量高阻态时的电压范围	1.25～3.25 V		
4	测量脉冲信号	高、低电平灯同时亮		
5	测量正弦波信号	高、低电平和高阻态三只指示灯同时亮		

测试结论（模块能否实现工作情境描述中的功能或性能指标）：

检验人：　　　　　　　　　　校核人：

检验日期：　　　　　　　　　校核日期：

2. 逻辑笔电路的交付与验收。

(1) 按表2—4—2所列逻辑笔电路验收标准进行验收并评分。

表 2—4—2　　逻辑笔电路验收标准及评分表

序号	验收项目	验收标准	配分（分）	项目负责人评分	备注
1	元器件安装	符合万能板元器件工位要求，布局合理，二极管、电容器、LED 灯、电池无极性错误，IC 芯片无方向错误，无少装现象。不合格，每处扣 1 分	20		
2	元器件焊接	焊点圆润、光滑，焊接时间恰当，成形好，无毛刺，无拉尖，无虚焊、漏焊和损坏元器件现象。不合格，每处扣 1 分	20		
3	整机装配质量	逻辑笔探针安装正确，电源导线与电路连接正确，无极性错误，外观整洁、美观。不合格，每处扣 2 分	20		
4	整机功能测试	通电后能正常测量数字逻辑电平、脉冲信号和正弦波信号，电路正常。不合格，每处扣 2 分	20		
5	逻辑笔电路调试	能正确使用仪器仪表测试电路中关键点的电气参数，能排除简单故障，正确调试逻辑笔电路。不合格，每处扣 2 分	20		
项目负责人对逻辑笔电路的验收评价成绩					

（2）记录验收过程中存在的问题，小组讨论解决问题的方法，并填入表 2—4—3 中。

表 2—4—3　　验收过程问题记录表

序号	验收中存在的问题	改进和完善措施	完成时间	备注
1				
2				
3				
4				
5				

（3）逻辑笔电路验收结束后，整理材料和工具，归还领用物品，并填写逻辑笔电路交付清单，见表 2—4—4。

表 **2—4—4** 逻辑笔电路交付清单

<table>
<tr><td colspan="2">任务名称</td><td colspan="5"></td><td colspan="2">接单日期</td><td></td></tr>
<tr><td colspan="2">工作地点</td><td colspan="5"></td><td colspan="2">交付日期</td><td></td></tr>
<tr><td colspan="2" rowspan="2">三方评价结果
(百分制)</td><td colspan="2">自我评价</td><td>小组评价</td><td colspan="2">项目负责人评价</td><td colspan="2" rowspan="2">验收结论
(百分制)</td><td rowspan="2"></td></tr>
<tr><td colspan="2"></td><td></td><td colspan="2"></td></tr>
<tr><td colspan="10">材料及工具归还清单</td></tr>
<tr><td>序号</td><td colspan="2">材料及工具名称</td><td colspan="3">型号和规格</td><td colspan="2">数量</td><td colspan="2">备注</td></tr>
<tr><td>1</td><td colspan="2"></td><td colspan="3"></td><td colspan="2"></td><td colspan="2"></td></tr>
<tr><td>2</td><td colspan="2"></td><td colspan="3"></td><td colspan="2"></td><td colspan="2"></td></tr>
<tr><td>3</td><td colspan="2"></td><td colspan="3"></td><td colspan="2"></td><td colspan="2"></td></tr>
<tr><td>4</td><td colspan="2"></td><td colspan="3"></td><td colspan="2"></td><td colspan="2"></td></tr>
<tr><td>5</td><td colspan="2"></td><td colspan="3"></td><td colspan="2"></td><td colspan="2"></td></tr>
<tr><td>6</td><td colspan="2"></td><td colspan="3"></td><td colspan="2"></td><td colspan="2"></td></tr>
<tr><td>7</td><td colspan="2"></td><td colspan="3"></td><td colspan="2"></td><td colspan="2"></td></tr>
<tr><td>8</td><td colspan="2"></td><td colspan="3"></td><td colspan="2"></td><td colspan="2"></td></tr>
<tr><td colspan="3">项目负责人
（签名）</td><td colspan="3">年 月 日</td><td colspan="2">团队负责人
（签名）</td><td colspan="2">年 月 日</td></tr>
</table>

三、整理工作现场

按生产现场管理 6S 标准，整理工作现场，清除作业垃圾，关闭现场电源，经指导教师检查合格后方可离开工作现场。

评价与分析

根据每个小组成员在本活动学习过程中的表现情况填写《学习任务过程性考核记录表》。

学习活动 5　工作总结与评价

学习目标

1. 能按分组情况，派代表展示工作成果，说明本次任务的完成情况，并做分析总结。

2. 能正确核算成本，在保证性能的情况下选取合理的逻辑笔电路实现方式。

3. 能结合任务完成情况，正确规范地撰写工作总结（心得体会）。

4. 能对学习与工作进行反思总结，并能与他人开展良好合作，进行有效沟通。

建议学时：4 学时。

学习过程

一、个人、小组评价

以小组为单位，选择演示文稿、展板、海报、视频等形式中的一种或几种，向全班展示、汇报制作成果。在展示的过程中，以小组为单位进行评价；评价完成后，根据其他小组成员对本组展示成果的评价意见进行归纳总结。

二、教师评价

认真听取教师对本小组展示成果优缺点以及在完成工作过程中出现的亮点和不足的评价意见，并做好记录。

1. 教师对本小组展示成果优点的点评。

2. 教师对本小组展示成果缺点以及改进方法的点评。

3. 教师对本小组在整个任务完成过程中出现的亮点和不足的点评。

三、核算成本

填写表 2—5—1，完成逻辑笔电路的成本核算，并与其他小组进行比较，成本最低者可获得加分。

表 2—5—1　　逻辑笔电路成本核算单

序号	元器件名称	价格	购买途径或网址
1	LM324		
2			
3			
4			
5			

四、工作过程回顾及总结

1. 总结完成逻辑笔电路装配与调试任务过程中遇到的问题和困难，列举 2～3 点你认为比较值得和其他同学分享的工作经验。

2．回顾本学习任务的工作过程，对新学专业知识和技能进行归纳和整理，写一篇字数不少于800字的工作总结。

工 作 总 结

评价与分析

按照客观、公正和公平原则，在教师的指导下按自我评价、小组评价和教师评价三种方式对自己或他人在本学习任务中的表现进行综合评价。综合等级按 A（90～100）、B（75～89）、C（60～74）、D（0～59）四个级别进行填写，见表 2—5—2。

表 2—5—2　学习任务综合评价表

考核项目	评价内容	配分（分）	评价分数		
			自我评价	小组评价	教师评价
职业素养	劳动保护用品穿戴完备，仪容仪表符合工作要求	5			
	安全意识、责任意识、服从意识强	6			
	积极参加教学活动，按时完成各项学习任务	6			
	团队合作意识强，善于与人交流和沟通	6			
	自觉遵守劳动纪律，尊敬师长，团结同学	6			
	爱护公物，节约材料，管理现场符合 6S 标准	6			
专业能力	专业知识扎实，有较强的自学能力	10			
	操作积极，训练刻苦，具有一定的动手能力	15			
	技能操作规范，注重安装工艺，工作效率高	10			

续表

<table>
<tr><th rowspan="2">考核项目</th><th rowspan="2">评价内容</th><th rowspan="2">配分（分）</th><th colspan="3">评价分数</th></tr>
<tr><th>自我评价</th><th>小组评价</th><th>教师评价</th></tr>
<tr><td rowspan="2">工作成果</td><td>产品装配符合工艺规范，产品功能满足要求</td><td>20</td><td></td><td></td><td></td></tr>
<tr><td>工作总结符合要求，产品制作质量高</td><td>10</td><td></td><td></td><td></td></tr>
<tr><td colspan="2">总分</td><td>100</td><td></td><td></td><td></td></tr>
<tr><td rowspan="2">总评</td><td rowspan="2">自我评价×20%+小组评价×20%+教师评价×60%=</td><td>综合等级</td><td colspan="3" rowspan="2">教师（签名）：</td></tr>
<tr><td></td></tr>
</table>

学习任务三　小功率 LED 恒流源调光灯的装配与调试

学习目标

1. 能根据工作情境描述，明确任务要求，填写小功率 LED 恒流源调光灯的装配与调试工作单。

2. 能举例说明振荡电路的应用领域，并能搭建典型的多谐振荡器电路。

3. 能识别振荡电路的电学参数（如振荡频率、占空比、输出波形等），并能根据实际场合不同选取恰当的振荡电路。

4. 能描述 LED 电源驱动的特点，分析恒流源驱动方式优于恒压源驱动方式的原因，并能采购合适的 LED 灯珠。

5. 能通过网络查找 NE555 芯片的技术文档，并能从中获取芯片的关键参数和典型应用电路图等。

6. 能分析 LED 调光电路工作原理，并能说明 PWM 调光和模拟调光的区别。

7. 能利用现代仿真技术验证小功率 LED 恒流源调光灯电路的功能，并进行调试。

8. 能根据任务要求，制定小功率 LED 恒流源调光灯的装配与调试工作方案。

9. 能根据需要正确选择焊接材料，如焊锡的线径、助焊剂含量、含铅量和焊接温度等。

10. 能根据任务要求准备装配工具和仪表，领用、核对所需元器件，识别并检测肖特基二极管、LED 灯和电容器等电子元器件。

11. 能根据万能板的尺寸合理进行模块电路的布局和布线，并按工艺要求完成小功率 LED 恒流源调光灯的装配。

12. 能使用万用表、示波器等仪器仪表进行小功率 LED 恒流源调光灯电路板功能的检测。

13. 能正确填写小功率LED恒流源调光灯的装配与调试测试报告，并完成交付验收工作。

14. 能正确核算成本，在保证性能的情况下选取合理的小功率LED恒流源调光灯实现方式。

15. 能按生产现场管理6S标准，清除现场垃圾并整理现场。

建议学时

36学时

工作情境描述

LED厂需要制作一批新型的LED调光台灯，研发部从经济性和节能性角度考虑，决定不再采用原线性调光和恒压源输出的传统方式，而采用基于NE555芯片产生的PWM调光和PT4115恒流源输出的方式，现将具体测试任务交给助理工程师。助理工程师需要在一体化实训室根据工程师提供的原理图制作一个以NE555芯片和PT4115芯片为主体的小功率LED恒流源调光灯万能板电路，测试其输出性能指标（如功耗、PWM占空比等），并与模拟调光电路进行比较，要求4天内交付样品和测试结果。

工作流程与活动

1. 明确工作任务，认知小功率LED恒流源调光灯（6学时）
2. 识读电路原理图，制定工作方案（6学时）
3. 小功率LED恒流源调光灯的装配（12学时）
4. 小功率LED恒流源调光灯的调试与验收（8学时）
5. 工作总结与评价（4学时）

学习活动 1　明确工作任务，认知小功率 LED 恒流源调光灯

学习目标

1. 能根据工作情境描述，明确任务要求，填写小功率 LED 恒流源调光灯的装配与调试工作单。

2. 能采购合适的 LED 灯珠，并能正确表述其功率、流明度和封装等信息。

3. 能利用仿真软件搭建单个 LED 电路，并通过调节输入电压的大小，说明电流源对 LED 驱动的重要性。

4. 能举例说明振荡电路的应用领域，并能搭建典型的多谐振荡器电路。

5. 能识别振荡电路的电学参数（如振荡频率、占空比、输出波形等），并能根据实际场合不同选取恰当的振荡电路。

6. 能通过网络查找 NE555 芯片的技术文档，并能从中获取芯片的关键参数和典型应用电路图等。

建议学时：6 学时。

学习过程

一、填写工作单

阅读工作情境描述及相关资料，根据实际情况填写表 3—1—1 所列工作单。

表 3—1—1　　小功率 LED 恒流源调光灯的装配与调试工作单

任务名称				接单日期	
工作地点				任务周期	
工作内容					
提供物料					
调试项目					
项目负责人姓名		联系电话		验收日期	
团队负责人姓名		联系电话		团队名称	
备注					

二、认知 LED 灯及其调光电路

调光器（Dimmer）是一种用于改变照明装置中光源的光通量，调节照度水平的电气装置。如图 3—1—1 所示为工程上常用的 LED 调光器。

图 3—1—1

1. 通过查阅销售 LED 灯的网站，结合图 3—1—2，分析采购 LED 灯时的关键参数有哪些，并将图 3—1—2 补充完整。

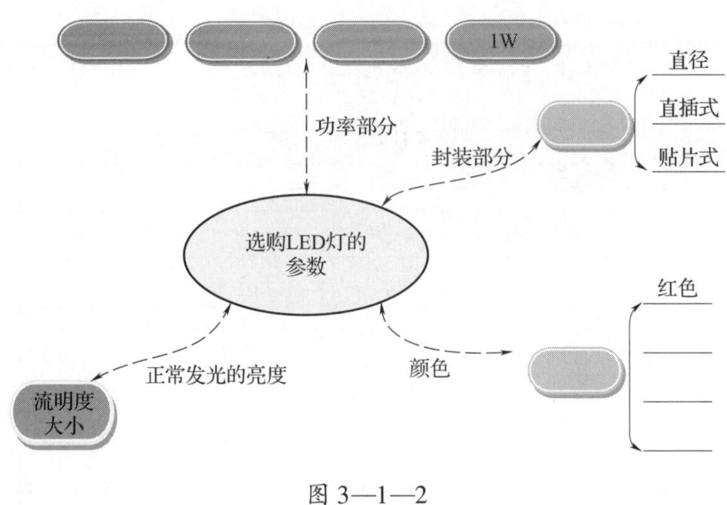

图 3—1—2

2．查阅相关资料，简述 LED 灯与传统节能灯、日光灯相比有哪些优势。

3．利用 Multisim 10 仿真软件搭建如图 3—1—3 所示单个 LED 电路，使用 1 W 功率的 LED 灯珠，调节电压从 0 V 缓慢增加，直至 LED 灯烧毁，观察电流表和电压表的读数哪一个变化较快，并记录当电压增加而 LED 灯的亮度不再线性增大时的电流值。

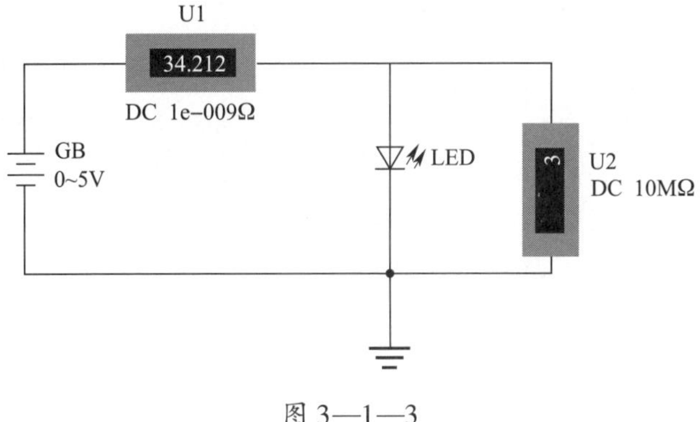

图 3—1—3

4. LED 驱动可分为恒流源驱动方式和恒压源驱动方式，试结合图 3—1—4 所示 LED 的电气特性曲线，分析为何采用恒流源驱动方式比恒压源驱动方式对 LED 灯的保护要好。

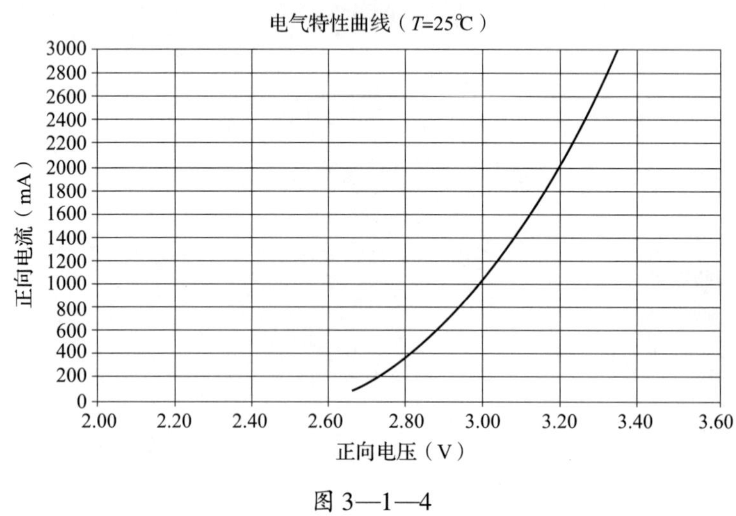

图 3—1—4

5. 目前 LED 调光的常用方法有三种，分别是可控硅调光、模拟调光和 PWM 调光。查阅相关资料，简述各种调光方法的基本调光原理，并分析说明三种调光方法的优缺点。

6. 利用 Multisim 10 仿真软件仿真图 3—1—5 所示模拟调光电路和 PWM 调光电路，然后用面包板搭建实际电路，并利用功率测量仪分别测量其功率的大小，分析哪个电路的功耗更低。

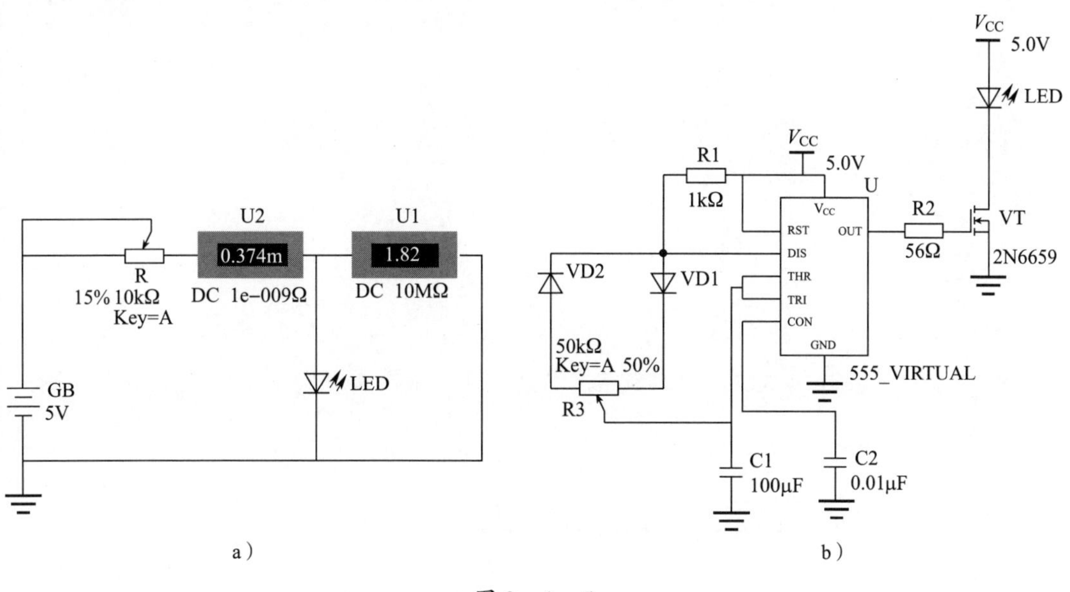

图 3—1—5

a）模拟调光电路　b）PWM 调光电路

7. 查阅相关资料，简述振荡电路的应用领域，并分析振荡在上述 PWM 调光电路中的作用。

8. 利用示波器测量 PWM 调光电路中 NE555 芯片的 3 脚，分析振荡快慢对灯光强弱的影响。查阅相关资料，简述如何根据示波器显示的波形计算出其振荡频率和占空比。

9. 如图 3—1—6 所示，利用 555 电路设计软件，能否调节出占空比为 1∶10、频率为 10 kHz 的振荡电路？

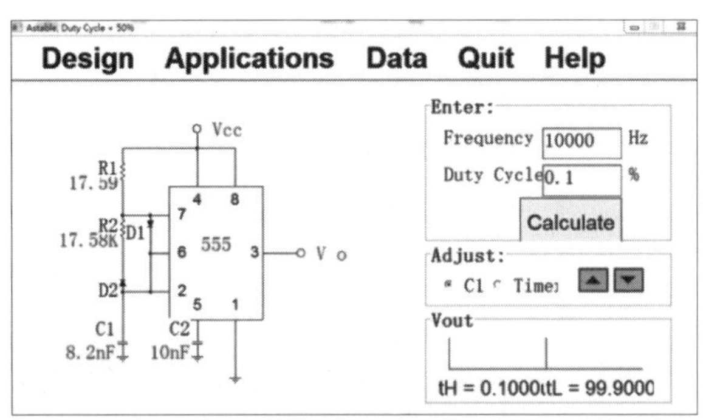

图 3—1—6

三、查找并收集装配小功率 LED 恒流源调光灯所需芯片的信息

1. 通过网络分别查找图 3—1—7 所示 NE555 芯片和 PT4115 芯片的技术文档（即数据手册），并记录下查找出的技术文档的网址。

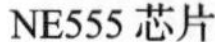
NE555 芯片

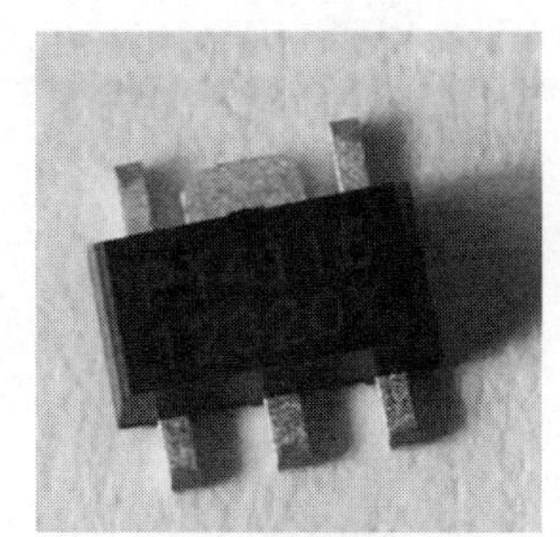
PT4115 芯片

图 3—1—7

2．阅读 NE555 芯片和 PT4115 芯片的技术文档，写出其最大输入电压和输出电流。

3．从 NE555 芯片的技术文档中找出其组成振荡电路的典型接法，并绘制出来。

4．从 PT4115 芯片的技术文档中找出其组成恒流源调光电路的典型接法，并绘制出来。

四、制订工作计划

查阅相关资料，了解模块电路装配与调试的基本步骤，根据任务要求，制订本小组的工作计划，并填入表 3—1—2 中。

表 **3—1—2**　　小功率 **LED** 恒流源调光灯的装配与调试工作计划表

<table>
<tr><td>团队名称</td><td></td><td>团队编号</td><td></td><td>任务名称</td><td></td><td>任务起止日期</td><td colspan="2"></td></tr>
<tr><td>步骤</td><td>计划名称</td><td colspan="4">工作内容</td><td>预计完成日期</td><td>预计工时</td><td>备注</td></tr>
<tr><td>1</td><td></td><td colspan="4"></td><td></td><td></td><td></td></tr>
<tr><td>2</td><td></td><td colspan="4"></td><td></td><td></td><td></td></tr>
<tr><td>3</td><td></td><td colspan="4"></td><td></td><td></td><td></td></tr>
<tr><td>4</td><td></td><td colspan="4"></td><td></td><td></td><td></td></tr>
<tr><td>5</td><td></td><td colspan="4"></td><td></td><td></td><td></td></tr>
<tr><td>6</td><td></td><td colspan="4"></td><td></td><td></td><td></td></tr>
</table>

教师审核意见：

教师（签名）：__________　　制订计划人（签名）：__________

年　月　日

评价与分析

根据每个小组成员在本活动学习过程中的表现情况填写《学习任务过程性考核记录表》。

学习活动 2 识读电路原理图，制定工作方案

学习目标

1. 能识读小功率 LED 恒流源调光灯电路原理图，列出装配小功率 LED 恒流源调光灯所需的元器件。

2. 能利用仿真软件搭建简单的 LED 保护电路，验证电路功能，并能利用欧姆定律计算相关限流电阻的大小。

3. 能绘制小功率 LED 恒流源调光灯的原理框图，并分析其工作原理。

4. 能选择输出功率合适的驱动芯片来匹配相关功率的 LED 灯珠。

5. 能通过查阅相关资料，获取人眼可以区分的频率上限，并利用 555 电路设计软件计算出最优的电路参数。

6. 能合理分工，制定并展示小功率 LED 恒流源调光灯的装配与调试工作方案。

建议学时：6 学时。

学习过程

一、识读小功率 LED 恒流源调光灯电路原理图

1. 识读图 3—2—1 所示小功率 LED 恒流源调光灯电路原理图，列出装配小功率 LED 恒流源调光灯所需的元器件，并填入表 3—2—1 中。

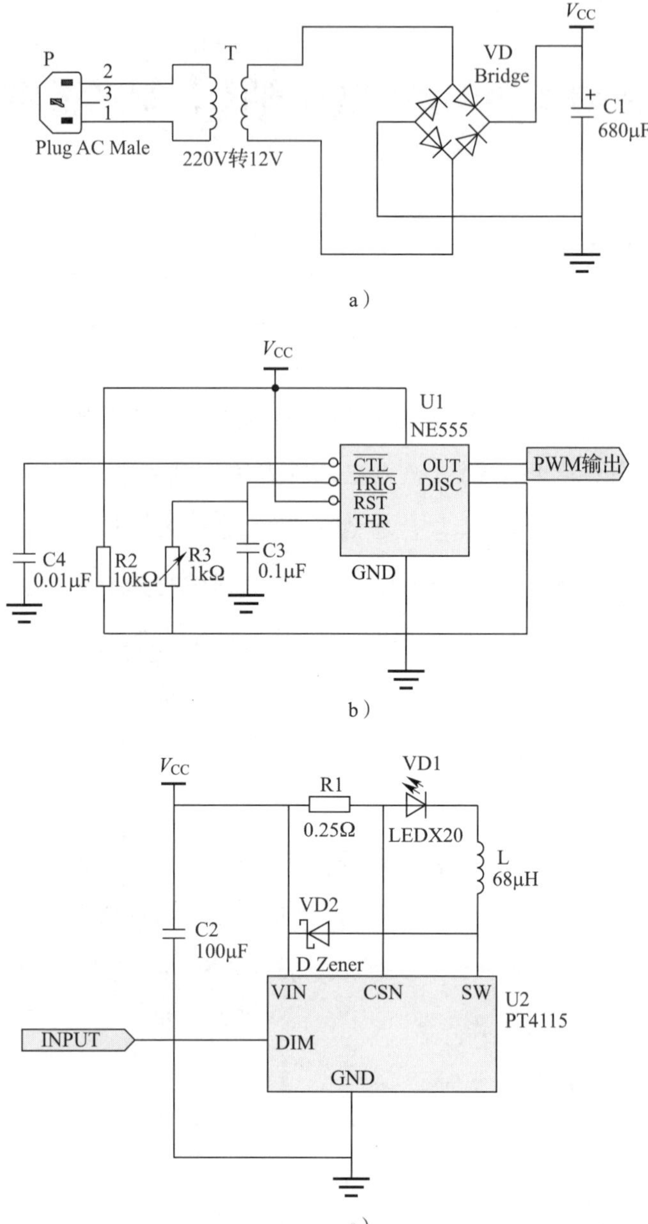

图 3—2—1

a）电源电路　b）PWM 产生电路　c）电流驱动电路

表 **3—2—1**　　　　小功率 **LED** 恒流源调光灯元器件清单

序号	元器件名称	文字符号	型号和规格	数量	备注
1					
2					

续表

序号	元器件名称	文字符号	型号和规格	数量	备注
3					
4					
5					
6					
7					
8					
9					
10					
11					
12					
13					
14					

2. 查阅相关资料，简述如何选择输出功率合适的驱动芯片来匹配相关功率的 LED 灯珠。图 3—2—1 所示电路中的 PT4115 芯片能否驱动 3 W 的 LED 灯珠？理由是什么？

3. 打开 Multisim 10 仿真软件，拉取表 3—2—2 所列元器件到软件绘图界面，搭建如图 3—2—2 所示仿真电路。

表 3—2—2　　**LED** 调光仿真电路所需元器件清单

序号	元器件编号	元器件名称	所在仿真库
1	R1	电阻器	Resistor
2	R2	可调电阻器	PotentioMeter
3	C1、C2	电容器	Capacitor
4	VD1、VD2	二极管	Diode
5	U	NE555	Rated_Virtual

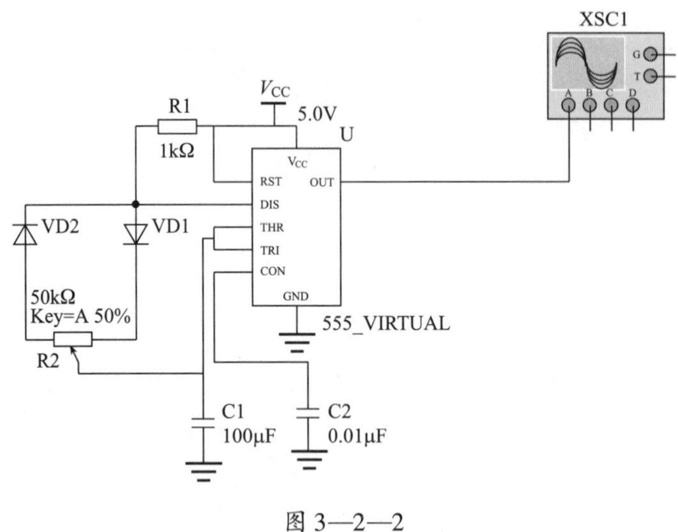

图 3—2—2

4. 单击仿真启动按钮，仿真并绘制 NE555 芯片产生的振荡波形图，如图 3—2—3 所示。

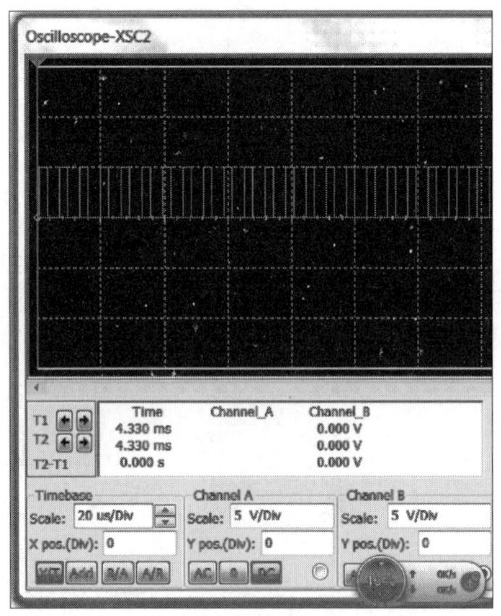

图 3—2—3

5. 如图 3—2—4 所示为 NE555 芯片引脚图，试查阅 NE555 芯片的技术文档，将表 3—2—3 所列 NE555 芯片引脚功能表中的引脚名称补充完整，并解释 NE555 主要引脚的功能。

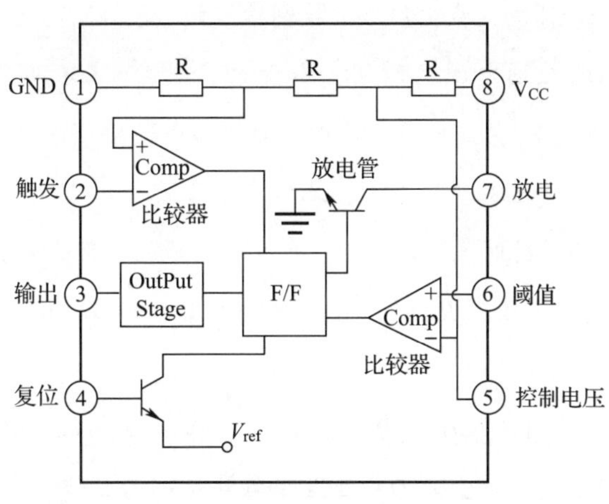

图 3—2—4

表 3—2—3　　NE555 芯片引脚功能表

引脚号	引脚名称	引脚功能	引脚号	引脚名称	引脚功能
1	GND		5		
2			6		
3	OUT		7		
4			8		

小资料

NE555 多谐振荡器的工作原理

多谐振荡器是一种能产生矩形波的自激振荡器，也称矩形波发生器。“多谐”是指矩形波中除了基波成分外，还含有丰富的高次谐波成分。多谐振荡器没有稳态，只有两个暂稳态。工作时，电路的状态在这两个暂稳态之间自动地交替变换，由此产生矩形波脉冲信号，常用作脉冲信号源和时序电路中的时钟信号。

由 555 定时器构成的多谐振荡器电路如图 3—2—2 所示。图中，电容器 C2、电阻器 R1 和

R2 作为振荡器的定时元件，决定着输出矩形波的正负向脉冲宽度。定时器的触发输入端（2 脚）和阈值输入端（6 脚）与电容器 C1 相连；集电极开路输出端（7 脚）接电阻器 R1、R2 相连处，用以控制电容器 C1 的充放电；外界控制输入端（5 脚）通过 0.01 μF 电容器接地。

其工作原理为：电路接通电源的瞬间，由于电容器 C2 来不及充电，$V_{C2}=0$ V，所以 555 定时器状态为 1，输出 V_0 为高电平。同时，集电极开路输出端（7 脚）对地断开，电源 V_{CC} 对电容器 C1 充电，电路进入暂稳态Ⅰ，此后，电路周而复始地产生周期性的输出脉冲。多谐振荡器两个暂稳态的维持时间取决于 RC 充放电回路的参数。暂稳态Ⅰ的维持时间，即输出 V_0 的正向脉冲宽度 $T_1\approx0.7(R_1+R_2)C_1$；暂稳态Ⅱ的维持时间，即输出 V_0 的负向脉冲宽度 $T_2\approx0.7R_2C_1$。

因此，振荡周期 $T=T_1+T_2=0.7(R_1+2R_2)C_1$，振荡频率 $f=1/T$。正向脉冲宽度 T_1 与振荡周期 T 之比称为矩形波的占空比 D，由上述条件可得 $D=(R_1+R_2)/(R_1+2R_2)$，若使 $R_2>>R_1$，则 $D\approx1/2$，即为输出信号的正负向脉冲宽度相等的矩形波（方波）。

6. 计算如图 3—2—5 所示功率为 3 W 的 LED 灯珠需要加多大的限流电阻。

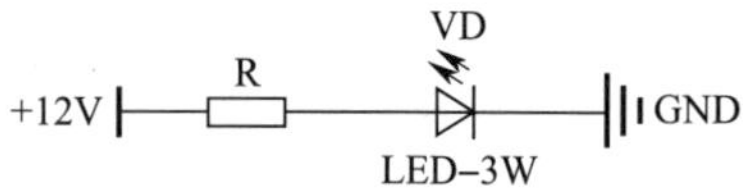

+12V R VD LED–3W GND

图 3—2—5

7. 结合上述分析，完善图 3—2—6 所示小功率 LED 恒流源 PWM 调光灯的工作原理框图，并简述 PWM 调光灯的工作原理。

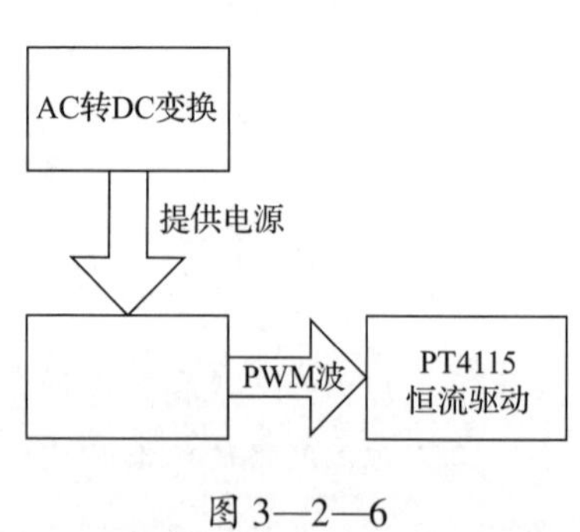

图 3—2—6

8. 每只 LED 灯珠的压降约为 3.1 V，工作电流约为 20 mA，宜采用恒流源驱动方式。NE555 输出 PWM 波属于电压信号，故本设计采用高性能的 LED 恒流源驱动芯片 PT4115 作为驱动芯片，其典型连接如图 3—2—1c 所示。PT4115 芯片是一款连续电感电流导通模式的降压恒流源芯片，能将直流电压直接转换成稳定的恒流输出。该芯片采用 6 ~ 30 V 宽电压输入，输出电流可达 1.2 A，转换效率高达 97%，输出电流精度达 ±5%，芯片内部具有抖频特性，极大地减小了电磁干扰（Electromagnetic Interference，EMI），同时具有过温、过压、过流、LED 开路保护等多种功能。由于模拟调光是通过直接改变流向 LED 电流的大小来实现亮度调节，除了亮度会改变以外，也会影响白光的质量，即不同电流下发出的白光存在色偏。而采用 PT4115 恒流源调光方式，能有效避免模拟调光的这种缺陷。

PT4115 恒流源驱动输出的电流值计算公式为：

$$I_{out} = (0.1 \times D)/R_s$$

式中，D 为方波信号占空比，R_s 为限流电阻。

试计算当 R_s 为 0.25 Ω 时，产生 1∶1 占空比的电路最大能输出多大电流。

9. 查阅相关资料，获取人眼可以区分的最大频率上限，并利用仿真软件中的 555 频率软件设计出振荡频率合适的电路参数和典型连接图，如图 3—2—7 所示。

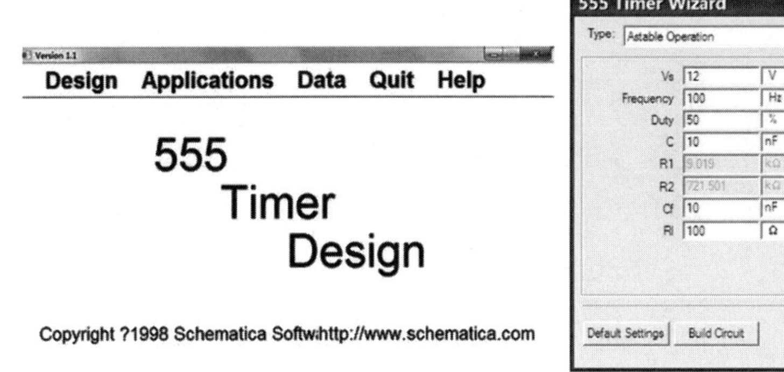

图 3—2—7

二、制定工作方案

根据本组成员的不同特点进行合理分工，制定本小组装配与调试小功率 LED 恒流源调光灯的工作方案，展示并决策出最佳工作方案，填入表 3—2—4 中。

表 **3—2—4** 小功率 **LED** 恒流源调光灯装配与调试工作方案

<table>
<tr><td>任务名称</td><td colspan="2"></td><td>工作任务起止日期</td><td></td><td>制定方案日期</td><td colspan="2"></td></tr>
<tr><td>序号</td><td>实施步骤</td><td colspan="3">工作内容</td><td>所需资料、材料及工具</td><td>负责人</td><td>参与人员</td></tr>
<tr><td>1</td><td></td><td colspan="3"></td><td></td><td></td><td></td></tr>
<tr><td>2</td><td></td><td colspan="3"></td><td></td><td></td><td></td></tr>
<tr><td>3</td><td></td><td colspan="3"></td><td></td><td></td><td></td></tr>
<tr><td>4</td><td></td><td colspan="3"></td><td></td><td></td><td></td></tr>
<tr><td>5</td><td></td><td colspan="3"></td><td></td><td></td><td></td></tr>
<tr><td>6</td><td></td><td colspan="3"></td><td></td><td></td><td></td></tr>
</table>

教师审核意见：

教师（签名）：____________ 决策人（签名）：____________

年 月 日

评价与分析

根据每个小组成员在本活动学习过程中的表现情况填写《学习任务过程性考核记录表》。

学习活动 3　小功率 LED 恒流源调光灯的装配

学习目标

1. 能正确领取装配小功率 LED 恒流源调光灯所需的元器件、工具及材料。

2. 能正确识别与检测肖特基二极管、LED 灯和电容器等电子元器件。

3. 能合理选取合适的焊接材料，如焊锡的线径、助焊剂含量、含铅量和焊接温度等。

4. 能根据万能板的尺寸合理进行模块电路的布局和布线，并按工艺要求装配小功率 LED 恒流源调光灯。

建议学时：12 学时。

学习过程

一、小功率 LED 恒流源调光灯装配前准备

1. 准备万能板制作工具与材料

填写表 3—3—1 所列完成本任务所需的主要工具与材料清单，并按该表所列清单领取、清点和检查万能板制作工具与材料。

表 3—3—1　　万能板制作工具与材料清单

序号	材料及工具名称	型号和规格	数量	备注
1				
2				
3				

续表

序号	材料及工具名称	型号和规格	数量	备注
4				
5				
6				

2. 小功率 LED 恒流源调光灯电路板预布局

（1）根据表 3—2—1 所列小功率 LED 恒流源调光灯元器件清单准备实施小功率 LED 恒流源调光灯电路板预布局所需的元器件。

（2）以图 3—2—1 所示原理图和图 3—3—1 所示小功率 LED 恒流源调光灯电路布局参考图为样板，确定核心器件的位置，然后用铅笔进行走线连接，绘制电路板预布局点阵图。

a）

b）

图 3—3—1

a）布局参考图 b）预布局点阵图

(3) 在电子实训场地，按表 3—3—2 所列操作步骤完成小功率 LED 恒流源调光灯电路板的预布局，并在该表中粘贴各步骤的操作示意图，总结各步骤的操作要点和注意事项。

表 **3—3—2**　　小功率 **LED** 恒流源调光灯电路板的预布局

序号	操作步骤	操作示意图	操作要点	注意事项
1	万能板预处理			
2	元器件布局			
3	裁剪光线，进行布线			
4	焊接元器件，并修剪引脚			
5	焊接走线			
6	焊接跳线			

（4）结合预布局过程中遇到的问题，修正小功率 LED 恒流源调光灯电路板布局图，并记录在图 3—3—2 中。

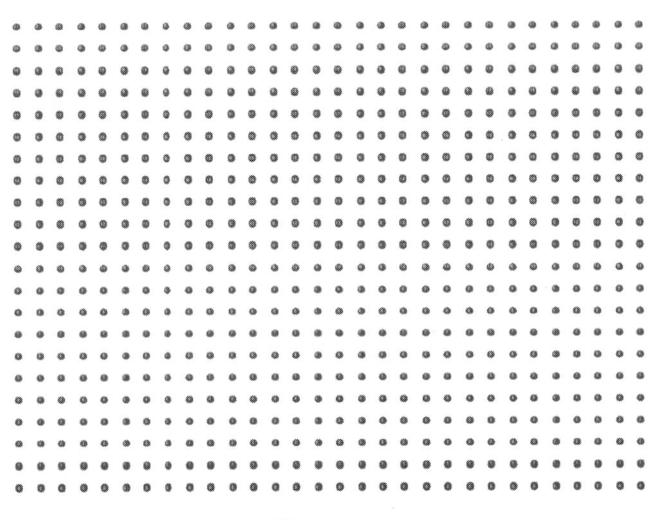

图 3—3—2

二、小功率 LED 恒流源调光灯的装配

1. 领取装配小功率 LED 恒流源调光灯的套件及工具

（1）填写装配小功率 LED 恒流源调光灯所需的套件及工具领用单（见表 3—3—3），每人领用一组。

表 3—3—3　　装配小功率 LED 恒流源调光灯所需的套件及工具领用单

任务名称			指导教师	
序号	套件及工具名称	型号或规格	数量	目测外观情况
1				
2				
3				
4				
5				
6				
7				
8				
9				

发放人（签名）：____________

领用人（签名）：____________

年　　月　　日

（2）对照图 3—3—3 所示小功率 LED 恒流源调光灯电路原理图和实物图，识别小功率 LED 恒流源调光灯套件中各电子元器件的名称，分类清点元器件的数量，填写表 3—3—4 所列小功率 LED 恒流源调光灯元器件清单。

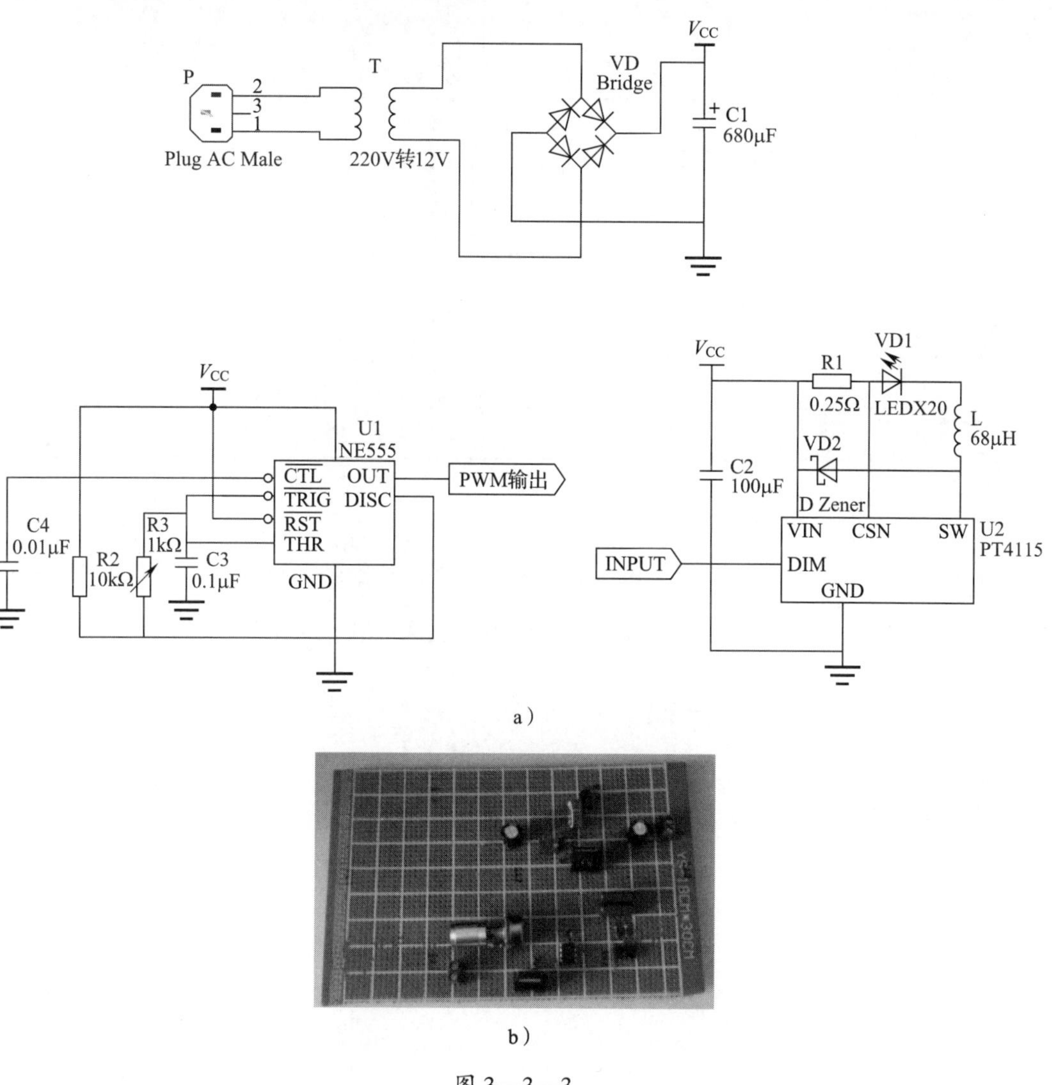

a）

b）

图 3—3—3

表 **3—3—4**　　　　小功率 **LED** 恒流源调光灯元器件清单

序号	工位号	图形符号	元器件名称	型号或规格	数量	备注
1						
2						
3						
4						

续表

序号	工位号	图形符号	元器件名称	型号或规格	数量	备注
5						
6						
7						
8						
9						
10						
11						
12						
13						
14						

2. 检测元器件

按照电子产品生产工艺要求，检测本任务所用元器件功能的好坏，将检测操作示意图记录在表 3—3—5 中，总结各元器件的检测要领和注意事项，并对有质量问题的元器件做好标记。

表 **3—3—5** 主要元器件的检测

序号	检测内容	操作示意图	检测要领和注意事项
1	肖特基二极管		
2	LED 灯		

续表

序号	检测内容	操作示意图	检测要领和注意事项
3	色环 电阻器		
4	电容器		
5	电感器		
6	变压器		

3．装配电路板

（1）根据电子焊接工艺要求，按装配的先后顺序以数字形式对下面待装配的元器件进行编号。

电阻器（　　）　电容器（　　）　变压器（　　）　电感器（　　）

IC 芯片（　　）　电位器（　　）　肖特基二极管（　　）　LED 灯（　　）

接口端子（　　）

（2）按电路板工艺要求完成小功率 LED 恒流源调光灯电路板的装配，总结各步骤的操作要领，并填入表 3—3—6 中。

表 3—3—6　　小功率 LED 恒流源调光灯电路板的装配

序号	装配步骤	操作示意图	操作要领
1	插装、焊接色环电阻器	 123×189	
2	插装、焊接 IC 芯片和肖特基二极管	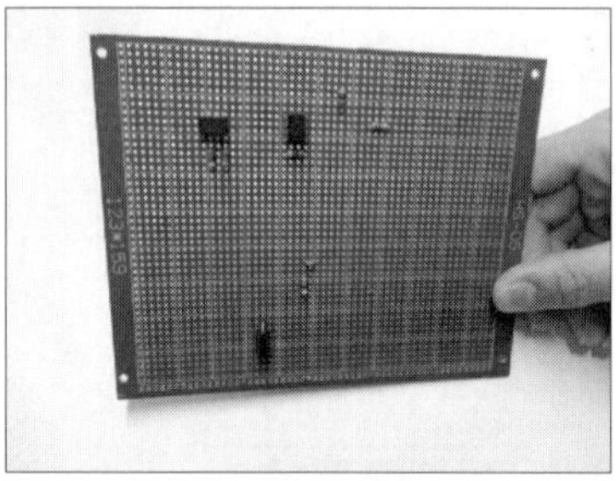 123×189	
3	插装、焊接电容器和接口端子		

续表

序号	装配步骤	操作示意图	操作要领
4	插装、焊接电感器和电位器等		
5	选取合适的焊锡，使用电烙铁对电路板进行焊接		

4. 整机装配

（1）装配小功率 LED 恒流源调光灯整机，注意电源正负极性，效果如图 3—3—4 所示。调节电位器旋钮，观察旋钮顺时针还是逆时针调节时 LED 灯变亮，并根据电路原理进行分析说明。

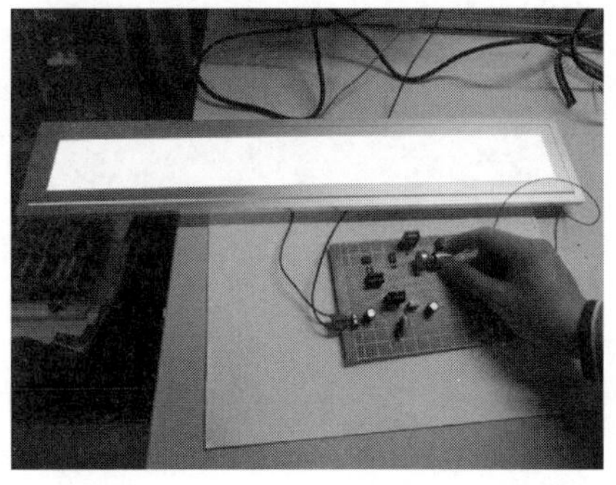

图 3—3—4

（2）结合所学知识，分析本任务调光系统最大能承受功率为多少瓦的 LED 灯，并列出计算公式进行说明。

评价与分析

根据每个小组成员在本活动学习过程中的表现情况填写《学习任务过程性考核记录表》。

学习活动 4　小功率 LED 恒流源调光灯的调试与验收

学习目标

1. 能正确使用万用表和示波器等仪器仪表测试小功率 LED 恒流源调光灯电路的输入电压和输出电压、电流等电学参数，并验证其功能。

2. 能测量 555 多谐振荡器的输出波形，并根据波形计算其占空比。

3. 能正确填写小功率 LED 恒流源调光灯的装配与调试测试报告，并完成交付验收工作。

4. 能就本次任务中出现的问题提出改进措施。

建议学时：8 学时。

学习过程

一、通电调试

1. 通电测试前，先用万用表测量电路输入接口电阻，小组讨论所测电阻在什么范围内才是正常的。

2. 按照表 3—4—1 所列操作步骤进行小功率 LED 恒流源调光灯的功能测试，并记录观察结果。

表 3—4—1　　　　小功率 **LED** 恒流源调光灯功能测试

序号	操作步骤	操作示意图	观察结果
1	接入 220 V 电源，用万用表测试 NE555 芯片的第 8 个管脚	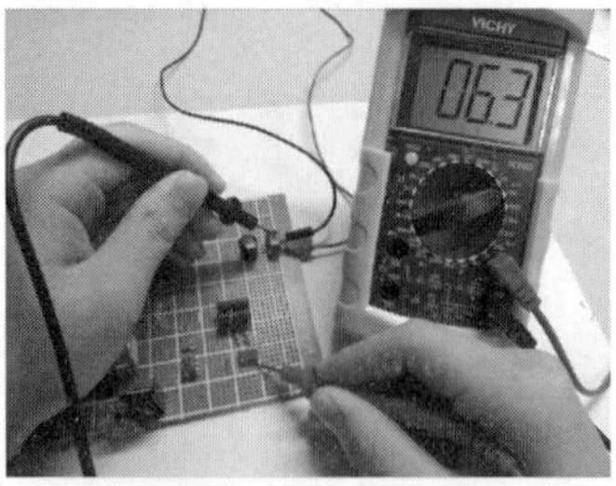	观察万用表的读数为________，图示的万用表读数是否正常：________
2	接入 LED 平板灯，通电测试，观察 LED 平板灯是否点亮		描述所看到的现象：________ ________ ________ ________
3	用示波器测试 NE555 芯片的第 3 个管脚，观测其输出波形	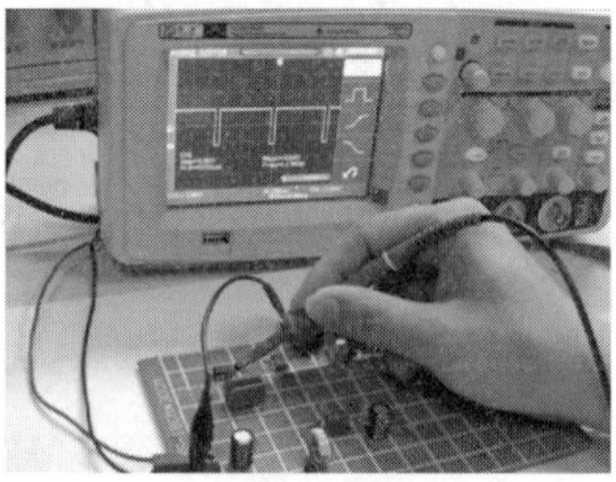	绘制 NE555 芯片第 3 个管脚的波形：
4	调节电位器，观察 LED 灯发光照度的变化		（1）调节旋钮时，LED 灯的亮度有变化吗？是由亮到暗还是由暗到亮？ ________ （2）常用来测量光强的仪器是什么？如何使用？ ________ ________ ________

3．若小功率 LED 恒流源调光灯电路中滤波电容器的电压值为零，则应该检测电路的哪个部分？其故障原因可能是什么？

4．若接入 LED 平板灯前的电路经检查是正常的，但接入 LED 平板灯时不能调节光强，则应从哪里检测故障？其故障原因可能是什么？

二、交付验收

1．填写小功率 LED 恒流源调光灯的技术参数报告。

技术参数报告

测试依据标准：企业标准。

模块名称：小功率 LED 恒流源调光灯　样板编号：＿＿＿＿＿＿

测试条件：温度为＿＿＿＿℃，湿度为＿＿＿＿% RH，正常大气压。

测试过程：接入功率 20 W、DC 24 V 工作的 LED 灯管，通电测量其输入功率、灯管获取的功率和实际获得的光强，并调节相关电路，测量其光强的变化，若条件允许，可在不同湿度的情况下进行老化试验。

测试电路的关键参数：

序号	项目	电路测试条件
1	输入电压	市电交流 220 V
2	降压变压器	30 W 的交流 220 V 转交流 24 V
3	输出电压	直流 24 V

测试过程指标及测试结果：

序号	项目	典型值	实测值	是否达标
1	空载时的功率	1 W 以下		
2	输入功率（带负载）	30 W 以下		
3	输出功率（带负载）	20 W		
4	转换效率	80%		
5	输出光强			
6	是否可调节			

测试结论（模块能否实现工作情境描述中的功能或性能指标）：

检验人：　　　　　　　　　　校核人：

检验日期：　　　　　　　　　校核日期：

2. 小功率 LED 恒流源调光灯的交付与验收。

（1）按表 3—4—2 所列小功率 LED 恒流源调光灯验收标准进行验收并评分。

表 **3—4—2**　　小功率 **LED** 恒流源调光灯验收标准及评分表

序号	验收项目	验收标准	配分（分）	项目负责人评分	备注
1	元器件安装	符合万能板元器件工位要求，布局合理，肖特基二极管、电容器、电感器无极性错误，IC 芯片无方向错误，无少装现象。不合格，每处扣 1 分	20		

续表

序号	验收项目	验收标准	配分（分）	项目负责人评分	备注
2	元器件焊接	焊点圆润、光滑，焊接时间恰当，成形好，无毛刺，无拉尖，无虚焊、漏焊和损坏元器件现象。不合格，每处扣 1 分	20		
3	整机装配质量	变压器安装正确，电源导线与电路连接正确，无极性错误，外观整洁、美观。不合格，每处扣 2 分	20		
4	整机功能测试	通电后 LED 灯能正常发光，调节电位器能调节光强，电路正常。不合格，每处扣 2 分	20		
5	小功率 LED 恒流源调光灯调试	能正确使用仪器仪表测试电路中关键点的电气参数，能排除简单故障，正确调试小功率 LED 恒流源调光灯。不合格，每处扣 2 分	20		
项目负责人对小功率 LED 恒流源调光灯的验收评价成绩					

（2）记录验收过程中存在的问题，小组讨论解决问题的方法，并填入表 3—4—3 中。

表 3—4—3　　验收过程问题记录表

序号	验收中存在的问题	改进和完善措施	完成时间	备注
1				
2				
3				
4				
5				

（3）小功率 LED 恒流源调光灯验收结束后，整理材料和工具，归还领用物品，并填写小功率 LED 恒流源调光灯交付清单，见表 3—4—4。

表 **3—4—4** 小功率 **LED** 恒流源调光灯交付清单

<table>
<tr><td>任务名称</td><td colspan="3"></td><td>接单日期</td><td></td></tr>
<tr><td>工作地点</td><td colspan="3"></td><td>交付日期</td><td></td></tr>
<tr><td rowspan="2">三方评价结果
（百分制）</td><td>自我评价</td><td>小组评价</td><td>项目负责人评价</td><td rowspan="2">验收结论
（百分制）</td><td rowspan="2"></td></tr>
<tr><td></td><td></td><td></td></tr>
<tr><td colspan="6">材料及工具归还清单</td></tr>
<tr><td>序号</td><td>材料及工具名称</td><td>型号和规格</td><td>数量</td><td colspan="2">备注</td></tr>
<tr><td>1</td><td></td><td></td><td></td><td colspan="2"></td></tr>
<tr><td>2</td><td></td><td></td><td></td><td colspan="2"></td></tr>
<tr><td>3</td><td></td><td></td><td></td><td colspan="2"></td></tr>
<tr><td>4</td><td></td><td></td><td></td><td colspan="2"></td></tr>
<tr><td>5</td><td></td><td></td><td></td><td colspan="2"></td></tr>
<tr><td>6</td><td></td><td></td><td></td><td colspan="2"></td></tr>
<tr><td>7</td><td></td><td></td><td></td><td colspan="2"></td></tr>
<tr><td>8</td><td></td><td></td><td></td><td colspan="2"></td></tr>
<tr><td colspan="2">项目负责人
（签名）</td><td>年 月 日</td><td>团队负责人
（签名）</td><td colspan="2">年 月 日</td></tr>
</table>

三、整理工作现场

按生产现场管理 6S 标准，整理工作现场，清除作业垃圾，关闭现场电源，经指导教师检查合格后方可离开工作现场。

评价与分析

根据每个小组成员在本活动学习过程中的表现情况填写《学习任务过程性考核记录表》。

学习活动 5　工作总结与评价

学习目标

1. 能按分组情况，派代表展示工作成果，说明本次任务的完成情况，并做分析总结。

2. 能正确核算成本，在保证性能的情况下选取合理的小功率 LED 恒流源调光灯实现方式。

3. 能结合任务完成情况，正确规范地撰写工作总结（心得体会）。

4. 能对学习与工作进行反思总结，并能与他人开展良好合作，进行有效沟通。

建议学时：4 学时。

学习过程

一、个人、小组评价

以小组为单位，选择演示文稿、展板、海报、视频等形式中的一种或几种，向全班展示、汇报制作成果。在展示的过程中，以小组为单位进行评价；评价完成后，根据其他小组成员对本组展示成果的评价意见进行归纳总结。

二、教师评价

认真听取教师对本小组展示成果优缺点以及在完成工作过程中出现的亮点和不足的评价意见，并做好记录。

1. 教师对本小组展示成果优点的点评。

2. 教师对本小组展示成果缺点以及改进方法的点评。

3. 教师对本小组在整个任务完成过程中出现的亮点和不足的点评。

三、核算成本

填写表 3—5—1，完成小功率 LED 恒流源调光灯的成本核算，并与其他小组进行比较，成本最低者可获得加分。

表 **3—5—1**　　小功率 **LED** 恒流源调光灯成本核算单

序号	元器件名称	价格	购买途径或者网址
1			
2			
3			
4			
5			
6			

四、工作过程回顾及总结

1．总结完成小功率 LED 恒流源调光灯装配与调试任务过程中遇到的问题和困难，列举 2～3 点你认为比较值得和其他同学分享的工作经验。

2. 回顾本学习任务的工作过程，对新学专业知识和技能进行归纳和整理，写一篇字数不少于800字的工作总结。

工 作 总 结

评价与分析

按照客观、公正和公平原则，在教师的指导下按自我评价、小组评价和教师评价三种方式对自己或他人在本学习任务中的表现进行综合评价。综合等级按 A（90～100）、B（75～89）、C（60～74）、D（0～59）四个级别进行填写，见表 3—5—2。

表 3—5—2　学习任务综合评价表

考核项目	评价内容	配分（分）	评价分数		
			自我评价	小组评价	教师评价
职业素养	劳动保护用品穿戴完备，仪容仪表符合工作要求	5			
	安全意识、责任意识、服从意识强	6			
	积极参加教学活动，按时完成各项学习任务	6			
	团队合作意识强，善于与人交流和沟通	6			
	自觉遵守劳动纪律，尊敬师长，团结同学	6			
	爱护公物，节约材料，管理现场符合 6S 标准	6			
专业能力	专业知识扎实，有较强的自学能力	10			
	操作积极，训练刻苦，具有一定的动手能力	15			
	技能操作规范，注重安装工艺，工作效率高	10			

续表

<table>
<tr><th rowspan="2">考核项目</th><th rowspan="2">评价内容</th><th rowspan="2">配分（分）</th><th colspan="3">评价分数</th></tr>
<tr><th>自我评价</th><th>小组评价</th><th>教师评价</th></tr>
<tr><td rowspan="2">工作成果</td><td>产品装配符合工艺规范，产品功能满足要求</td><td>20</td><td></td><td></td><td></td></tr>
<tr><td>工作总结符合要求，产品制作质量高</td><td>10</td><td></td><td></td><td></td></tr>
<tr><td colspan="2">总分</td><td>100</td><td></td><td></td><td></td></tr>
<tr><td rowspan="2">总评</td><td rowspan="2">自我评价×20%＋小组评价×20%＋教师评价×60%＝</td><td>综合等级</td><td colspan="3" rowspan="2">教师（签名）：</td></tr>
<tr><td></td></tr>
</table>

学习任务四　PID 控制磁悬浮电路的装配与调试

学习目标

1. 能根据工作情境描述，明确任务要求，填写 PID 控制磁悬浮电路的装配与调试工作单。

2. 能说出磁悬浮应用的领域、实现方式以及 PID 控制的相关概念，并指出 PID 控制中反馈对电路的作用。

3. 能通过网络查找霍尔传感器 S3503 芯片的技术文档，并能从中获取芯片的关键参数、典型应用电路图以及其作用范围。

4. 能区分大功率、中功率和小功率三极管，并能根据电流大小选取合适功率的三极管。

5. 能识别强磁铁的类型，检测强磁铁的南北极，并能进行电磁学方面的探究性试验。

6. 能描述 PID 控制磁悬浮电路的工作原理，并能根据任务要求，制定 PID 控制磁悬浮电路的装配与调试工作方案。

7. 能根据探究性试验选取合适线径的漆包线，并使用绕线器绕制均匀的电感器。

8. 能区分铁芯的种类和材料，识别其电气特性，并能根据应用场合选取合适的铁芯材料。

9. 能根据需要正确选择焊接材料，如焊锡的线径、助焊剂含量、含铅量和焊接温度等。

10. 能正确识别、选用与检测电感器、霍尔传感器、电容器和精密电位器等电子元器件。

11. 能根据万能板的尺寸合理进行模块电路的布局和布线，并按工艺要求完成

PID 控制磁悬浮电路的装配。

12. 能利用万用表等仪器仪表判断放大电路的线性放大区，并能调节精密电位器使电路处于合适的静态工作点。

13. 能使用万用表测量运算放大器的输出点电压和电流，调试出最佳电路参数，并记录关键点的电气特性。

14. 能正确填写 PID 控制磁悬浮电路的装配与调试测试报告，并完成交付验收工作。

15. 能按生产现场管理 6S 标准，清除现场垃圾并整理现场。

建议学时

54 学时

工作情境描述

装饰品厂接到一批磁悬浮地球仪的订单，研发人员已经根据 PID 模糊控制理论设计出一款模拟式的挂浮式磁悬浮电路，确定以 LM324 芯片作为二级放大反馈电路，S3503 线性霍尔传感器作为磁场检测元件，中功率 NPN 三极管 TIP41 作为电压转电流器件，利用 0.6 mm^2 漆包线绕制线圈产生磁场。助理工程师需要测量霍尔传感器的好坏，利用手摇计数绕线器绕制线圈，并对其核心电路进行焊接和调试电路静态工作点，使直径为 1 cm、质量为 5 g 的钕铁硼磁铁悬浮于空中，要求 6 天内交付验收。

工作流程与活动

1. 明确工作任务，认知磁悬浮（10 学时）
2. 识读电路原理图，制定工作方案（12 学时）
3. PID 控制磁悬浮电路的装配（16 学时）
4. PID 控制磁悬浮电路的调试与验收（12 学时）
5. 工作总结与评价（4 学时）

学习活动 1　明确工作任务，认知磁悬浮

学习目标

1. 能根据工作情境描述，明确任务要求，填写 PID 控制磁悬浮电路的装配与调试工作单。

2. 能说出磁悬浮应用的领域、实现方式以及 PID 控制的概念和基本原理。

3. 能通过网络查找霍尔传感器 S3503 芯片的技术文档，并能从中获取芯片的关键参数、典型应用电路图以及其作用范围等。

4. 能区分大功率、中功率和小功率三极管，并能根据电流大小选取合适功率的三极管。

5. 能正确识别、选用绕制线圈的漆包线和骨架、强磁铁以及铁芯等。

建议学时：10 学时。

学习过程

一、填写工作单

阅读工作情境描述及相关资料，根据实际情况填写表 4—1—1 所列工作单。

表 4—1—1　　　PID 控制磁悬浮电路的装配与调试工作单

任务名称		接单日期	
工作地点		任务周期	
工作内容			

续表

提供物料					
调试项目					
项目负责人姓名		联系电话		验收日期	
团队负责人姓名		联系电话		团队名称	
备注					

二、认知磁悬浮

小资料

空间电磁悬浮技术

随着航天事业的发展，模拟微重力环境下的空间悬浮技术已成为进行相关高科技研究的重要手段。目前的悬浮技术主要包括电磁悬浮、光悬浮、声悬浮、气流悬浮、静电悬浮、粒子束悬浮等，其中电磁悬浮技术比较成熟。

电磁悬浮技术（Electromagnetic Levitation，EML）是运用磁铁“同性相斥、异性相吸”的性质，使磁铁具有抗拒地心引力的能力，即“磁性悬浮”。由于磁铁有同性相斥和异性相吸两种形式，故磁悬浮技术的应用也有两种相应的形式：一种是运用磁铁同性相斥原理而设计的电磁运行系统，它利用超导体电磁铁形成的磁场与线圈形成的磁场之间所产生的相斥力使物体悬浮；另一种则是运用磁铁异性相吸原理而设计的电磁运行系统，它利用吸引力与物体的重力平衡，从而使物体进行悬浮。

磁悬浮的种类根据实现悬浮的物质不同可分为常导悬浮、超导悬浮和永磁体悬浮三种。所谓常导悬浮、超导悬浮和永磁体悬浮，分别是指形成悬浮力需要利用常温导体制造的电磁铁、超导材料制造的电磁铁和永磁铁产生的磁场。其中，超导悬浮是利用超导材料在低温状态下电阻为零的特点，通电时在超导体内部产生涡流，由于电磁感应的作用，实现对金属球的悬浮。但其温度要求比较低，因此，一般家用场合采用常温导体制造的电磁铁作为其核心材料，然后通过现代电子控制系统实现对重力和磁力的平衡控制。

磁悬浮控制系统是由转子、传感器、控制器和执行器四部分组成，其中，执行器包括电磁铁和功率放大器两部分。其工作原理为：假设在参考位置上转子受到一个向下的扰动，就会偏离其参考位置，这时传感器检测出转子偏离参考点的位移，作为控制器的微处理器将检测的位移变换成控制信号，然后功率放大器将这一控制信号转换成控制电流，控制电流在执行磁铁中产生磁力，从而驱动转子返回到原来的平衡位置。因此，不论转子受到向下还是向上的扰动，转子始终能处于稳定的平衡状态。

磁悬浮地球仪是利用电流磁效应使地球仪飘浮在半空中的典型例子。如图 4—1—1 所示，地球仪顶端有一个磁铁，圆环形塑胶框内部顶端有一个金属线圈，金属线圈通过电流就会成为电磁铁。电磁铁与地球仪顶端磁铁间的吸引力可抵消地球仪所受重力，因此地球仪可飘浮在半空中。用手轻轻触碰地球仪使其偏离平衡位置，手移开后地球仪仍可回到平衡位置而不至于掉落，这是利用了负回馈机制。

图 4—1—1

地球仪底端也有一个磁铁，塑胶框内部底端有一个霍尔传感器，可检测地球仪底端磁铁的磁场变化。地球仪偏离平衡位置时，霍尔传感器检测到地球仪底端磁铁的磁场变化，便会产生一补偿电流。补偿电流流到塑胶框内部顶端金属线圈时，金属线圈磁场增加，可将地球仪拉回到平衡位置。轻轻拨动地球仪便可使其持续不停地转动。地球仪所受到的外力总和为零，因此会以固定速率沿固定方向转动。

1. 阅读上述资料，列举目前实现电磁悬浮的主要方式。

2. 查阅相关资料，结合图 4—1—2 简述磁悬浮的优点和缺点。目前磁悬浮主要应用于哪些领域？

图 4—1—2

3. 查阅相关资料，简述 PID 控制的概念及基本原理。上述资料中，哪些内容与 PID 控制有关?

4. 现代控制技术为何要加入 PID 控制? 简述 PID 控制在图 4—1—3 所示电梯停止时或者家用闭门器将要关上时不出现颠簸和响声中所起的作用。

图 4—1—3

三、查找并收集关键元器件的信息

1. 查阅相关资料，回答什么是霍尔传感器。按照工作方式不同，霍尔传感器可分为哪些种类？根据 PID 控制的需要，本任务应采用线性霍尔传感器，试查找线性霍尔传感器的具体型号有哪些。

2. 利用网络查找图 4—1—4 所示线性霍尔传感器 S3503 的技术文档，并记录下查找出的技术文档的网址。

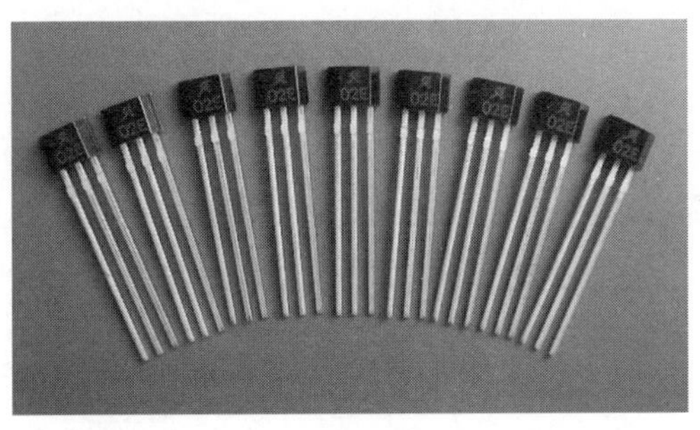

图 4—1—4

3. 阅读线性霍尔传感器 S3503 的技术文档，结合图 4—1—5 简述霍尔传感器用于测量机械部件转速时的工作原理，并找出 S3503 的应用范围、最大承受电压和电流以及典型应用电路图，然后记录下来。

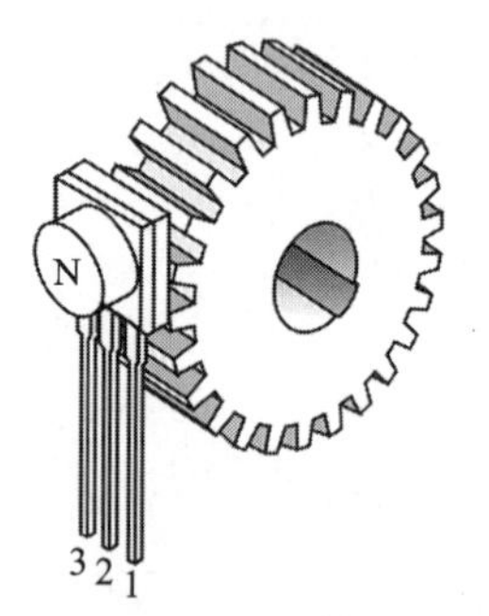

图 4—1—5

4. 三极管按照功率不同分为小功率三极管、中功率三极管和大功率三极管，如何区分小功率三极管、中功率三极管和大功率三极管？其划分的功率区间约为多少？各适用于哪些场合？

5. 利用网络查找中功率三极管 TIP41C 的技术文档，将其引脚排列图抄绘在下面空白处，并记录其最大承受电流为多少。

6. 如何根据电流大小选取合适功率的三极管？一般哪个功率范围的三极管需要安装散热片？

7. 漆包线由导体和绝缘层两部分组成，裸线经退火软化后，再经过多次涂漆烘焙而成，如图 4—1—6 所示。查阅相关资料，简述漆包线的作用，并思考漆包线能否用于绕制线圈或者变压器。

图 4—1—6

8. 利用漆包线绕制线圈时，其最大能承受的电流和漆包线线径的关系是什么？

9．如图 4—1—7 所示为用于绕制线圈的骨架，图中 3 个参数的含义分别代表什么？

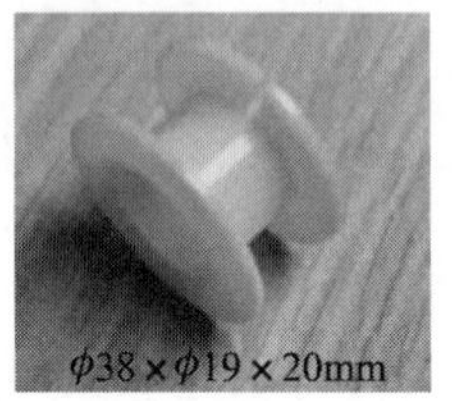

图 4—1—7

10．强磁铁是指磁力较强的磁性物质，大多属于稀土强磁，比一般磁铁的磁力大 3 倍以上，如图 4—1—8 所示。本任务选用的钕铁硼磁铁属于强磁铁吗？请大致描述一下其磁力的大小。

图 4—1—8

11．如图 4—1—9 所示为线圈常用的铁芯，查阅相关资料，说明其一般用什么材料充当。不同材料铁芯的频率响应特性如何？

图 4—1—9

四、制订工作计划

查阅相关资料，了解模块电路装配与调试的基本步骤，根据任务要求，制订本小组的工作计划，并填入表 4—1—2 中。

表 4—1—2　PID 控制磁悬浮电路的装配与调试工作计划表

<table>
<tr><td>团队
名称</td><td></td><td>团队
编号</td><td></td><td>任务
名称</td><td></td><td>任务起止
日期</td><td colspan="2"></td></tr>
<tr><td>步骤</td><td>计划名称</td><td colspan="4">工作内容</td><td>预计完成日期</td><td>预计工时</td><td>备注</td></tr>
<tr><td>1</td><td></td><td colspan="4"></td><td></td><td></td><td></td></tr>
<tr><td>2</td><td></td><td colspan="4"></td><td></td><td></td><td></td></tr>
<tr><td>3</td><td></td><td colspan="4"></td><td></td><td></td><td></td></tr>
<tr><td>4</td><td></td><td colspan="4"></td><td></td><td></td><td></td></tr>
<tr><td>5</td><td></td><td colspan="4"></td><td></td><td></td><td></td></tr>
<tr><td>6</td><td></td><td colspan="4"></td><td></td><td></td><td></td></tr>
</table>

教师审核意见：

教师（签名）：__________　　制订计划人（签名）：__________

年　月　日

评价与分析

根据每个小组成员在本活动学习过程中的表现情况填写《学习任务过程性考核记录表》。

学习活动 2　识读电路原理图，制定工作方案

学习目标

1. 能进行相关电磁学方面的探究性试验，并记录好关键技术参数。

2. 能正确辨别强磁铁的南北极。

3. 能识别放大电路和反馈电路，并指出磁悬浮控制过程中反馈的作用。

4. 能分析 PID 控制磁悬浮电路的工作原理，完善电路方框图，并简述其工作过程。

5. 能合理分工，制定并展示 PID 控制磁悬浮电路的装配与调试工作方案。

建议学时：12 学时。

学习过程

一、线圈磁铁磁力参数的探究

1. 使用 1 mm² 的漆包线，在线圈骨架中绕制 40 圈，然后逐步增加其两端电压，如图 4—2—1 所示，观察其漆包线断开时的电流大小，并记录在表 4—2—1 中。然后换 6 mm² 的漆包线进行同样的试验，做好记录，并进行总结。

表 4—2—1　　试验数据记录表

序号	漆包线线径（mm²）	圈数	线断开时的电流值
1	1		
2	6		

图 4—2—1

2．感受图 4—2—2 所示大型磁铁，使用 6 mm^2 漆包线绕制不同圈数的线圈，并在距离线圈 1 cm 远的地方放置圆形钕铁硼强磁铁，然后在线圈中通以不同的电流，记录磁铁被线圈吸引时的电流值，并填写在表 4—2—2 中。

图 4—2—2

表 **4—2—2** 试验数据记录表

序号	圈数	吸引时的电流	插入铁芯后吸引时的电流	结论
1	40			电能否生磁？电流产生磁力的大小与哪些因素有关？ ________ ________ ________ ________
2	80			
3	160			

3. 磁铁都有极性之分，应如何利用线圈来辨别钕铁硼磁铁的南北极？试结合图 4—2—3 所示右手定则示意图进行说明。

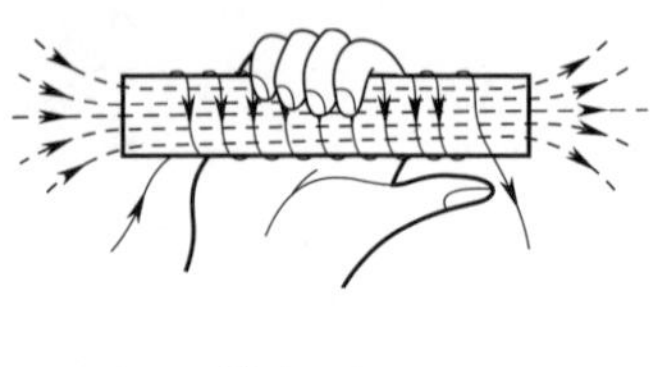

图 4—2—3

二、识读 PID 控制磁悬浮电路原理图

1. 识读图 4—2—4 所示 PID 控制磁悬浮电路原理图，列出装配 PID 控制磁悬浮电路所需的元器件，并填入表 4—2—3 中。

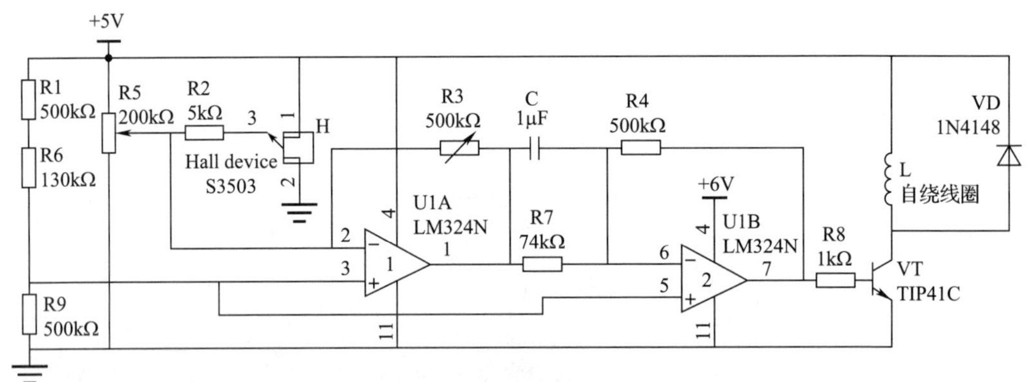

图 4—2—4

表 4—2—3　　PID 控制磁悬浮电路元器件清单

序号	元器件名称	文字符号	型号和规格	数量	备注
1					
2					
3					
4					
5					
6					
7					
8					
9					

续表

序号	元器件名称	文字符号	型号和规格	数量	备注
10					
11					
12					
13					
14					
15					

2. 图 4—2—4 中的 R5 为精密电位器，其实物图如图 4—2—5 所示。查阅相关资料，说出精密电位器的概念和特点。精密电位器的调节精度与微调电阻器和音响电位器相比是大还是小?

图 4—2—5

3. 查阅相关资料，简述放大电路的作用。图 4—2—4 中哪部分是放大电路? 其是多少级的放大电路?

4. 利用万能板搭建如图4—2—6所示电路，用万用表的电压挡测量第3个管脚的电压，并将钕铁硼强磁铁的南极靠近霍尔元件S3503，观察万用表的读数变化是增大还是减小。

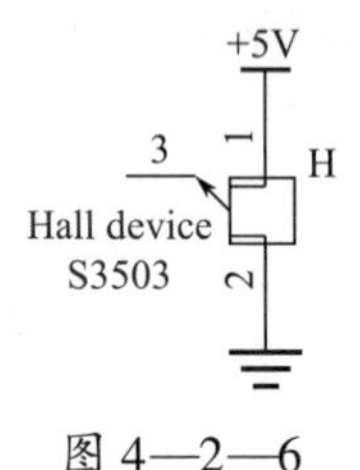

图4—2—6

5. 简述反馈的作用，并指出图4—2—4中的反馈回路是由哪些元器件组成的。

6. 查阅相关技术文档，说出图4—2—7所示S3503芯片各引脚的名称及主要引脚的功能，并填入表4—2—4中。

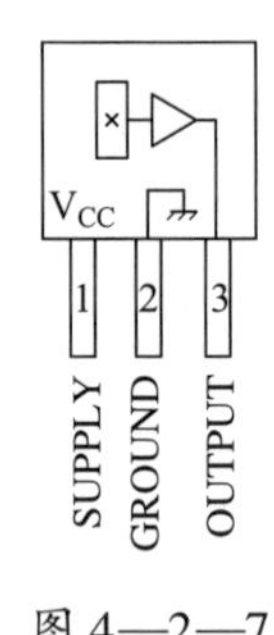

图4—2—7

表**4—2—4** **S3503**芯片引脚功能表

引脚号	引脚名称	引脚功能
1		
2		
3		

7．分析图 4—2—4 所示电路原理图，查阅相关资料，完善图 4—2—8 所示 PID 控制磁悬浮电路的工作原理框图，并绘制电流流向箭头。

磁性信号采集

LM324运算放大器组成的一级放大

LM324运算放大器组成的二级放大

TIP41C将输出电压转化为电流

驱动线圈

反馈回路

图 4—2—8

小资料

小球在空中会受到重力的作用，当小球处于某个高度时，电路使重力和磁力平衡；当小球高于这个高度时，电路使线圈磁力小于重力，从而使小球有下落趋势；反之，当小球低于这个高度时，电路使线圈磁力增大，小球就有上升趋势，从而使小球能在一定的扰动范围内保持平衡。

8．分析图 4—2—9 所示 PID 控制磁悬浮电路的电路结构图，查阅相关资料，填写相关组成部分的名称。

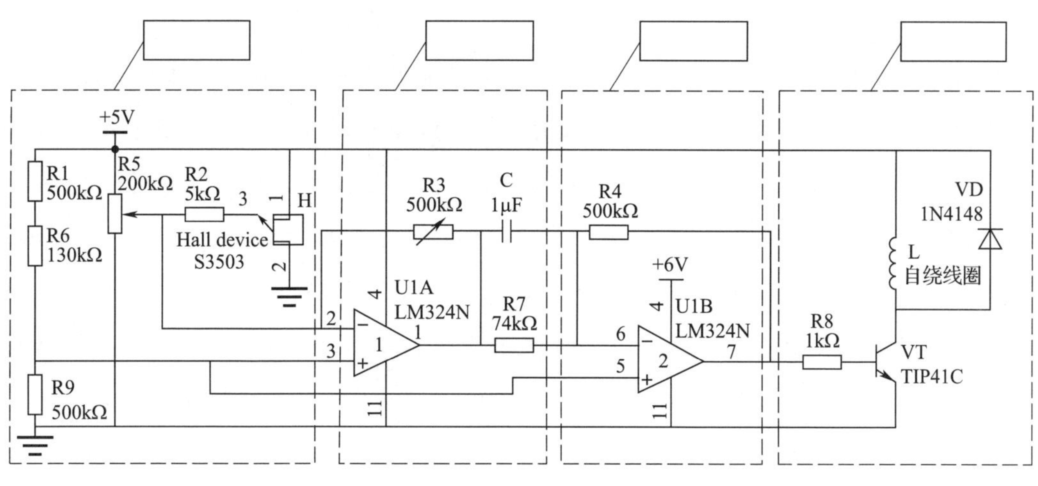

图 4—2—9

9．集成运算放大器是一种电压放大倍数极高的直接耦合多级放大电路。当外部接入不同的线性或非线性元器件组成输入和负反馈电路时，可以灵活地实现各种特定的函数关系。在线性应用方面，可组成比例、加法、减法、积分、微分、对数等模拟运算电路。试搭建图 4—2—10 所示反向比例放大电路，并仿真运行，观察其输入和输出信号的关系。

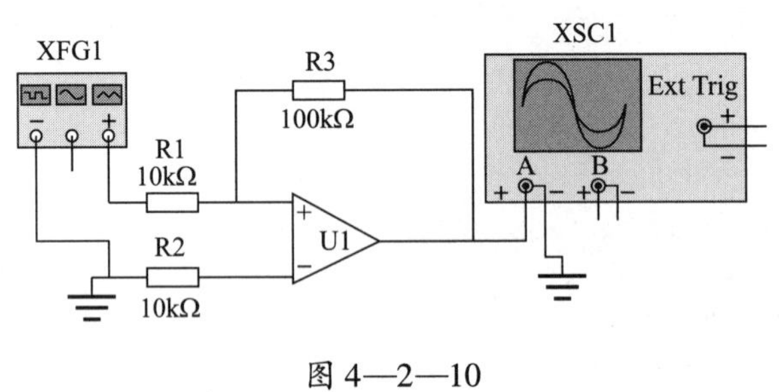

图 4—2—10

小资料

运算放大器的电压放大倍数很大，一般通用型运算放大器的开环电压放大倍数都在 80 dB 以上，而运算放大器的输出电压是有限的，一般在 10 ~ 14 V 之间。因此，运算放大器的差模输入电压不足 1 mV，两输入端近似等电位，相当于“短路”。开环电压放大倍数越大，两输入端的电位越接近相等。在分析运算放大器处于线性状态时，可把两输入端视为等电位，这一特性称为虚假短路，简称“虚短”。显然，不能将两输入端真正短路。

运算放大器的差模输入电阻很大，一般通用型运算放大器的输入电阻都在 1 MΩ 以上。因此，流入运算放大器输入端的电流往往不足 1 μA，远小于输入端外电路的电流。通常可把运算放大器的两输入端视为开路，且输入电阻越大，两输入端越接近开路。在分析运算放大器处于线性状态时，可把两输入端视为等效开路，这一特性称为虚假开路，简称“虚断”。显然，不能将两输入端真正断路。

10. 利用“虚短”和“虚断”的概念分析图 4—2—10 所示反向比例放大电路的放大倍数。

11. 将图 4—2—10 所示仿真电路图的输入调节为 $f=100$ Hz、$U_i=0.5$ V 的正弦交流信号，用交流毫伏表测量相应的 U_o，并用示波器观察 u_i 和 u_o 波形，记录在表 4—2—5 中。

表 4—2—5　　反向比例放大电路试验记录表

U_i（V）	U_o（V）	u_i 波形	u_o 波形	A_u	
				实测值	计算值

12. 查阅相关资料，简述多级放大电路的概念。

13. 查阅相关资料，简述共射放大电路的工作原理。

14. 结合前面所学知识，简述 PID 控制磁悬浮电路的工作过程。

三、制定工作方案

根据本组成员的不同特点进行合理分工，制定本小组装配与调试 PID 控制磁悬浮电路的工作方案，展示并决策出最佳工作方案，填入表 4—2—6 中。

表 4—2—6　　PID 控制磁悬浮电路装配与调试工作方案

任务名称		工作任务起止日期		制定方案日期	
序号	实施步骤	工作内容	所需资料、材料及工具	负责人	参与人员
1					
2					
3					
4					
5					
6					

教师审核意见：

教师（签名）：________　　决策人（签名）：________

年　月　日

评价与分析

根据每个小组成员在本活动学习过程中的表现情况填写《学习任务过程性考核记录表》。

学习活动 3　PID 控制磁悬浮电路的装配

学习目标

1. 能根据探究性试验选取合适线径的漆包线，并使用绕线器绕制均匀的电感器。

2. 能区分铁芯的种类和材料，识别其电气特性，并能根据应用场合选取合适的铁芯材料。

3. 能正确领取装配 PID 控制磁悬浮电路所需的元器件、工具及材料。

4. 能根据需要正确选择焊接材料，如焊锡的线径、助焊剂含量、含铅量和焊接温度等。

5. 能正确识别与检测电感器、电容器、霍尔传感器和精密电位器等电子元器件。

6. 能根据万能板的尺寸合理进行模块电路的布局和布线，并按工艺要求装配 PID 控制磁悬浮电路。

建议学时：16 学时。

学习过程

一、PID 控制磁悬浮电路装配前准备

1. 由前面的探究性试验可知，当线圈圈数增加时，其磁力也随之增加，所需的电流就越小。假定线圈绕制 400 圈，将强磁铁放在距离线圈 2 cm 处，逐渐增加线圈的电流，记录恰能将磁铁吸引时的电流值。

2．查阅相关资料，运用图 4—3—1 所示手动绕线器绕制线圈。归纳总结绕制线圈时，除了要注意线绕方向外，还有哪些需要注意的事项。

图 4—3—1

3．软铁芯的高频特性与硅钢铁芯相比如何？本任务应选取哪一种材质的铁芯？

4．分析装配 PID 控制磁悬浮电路所需工具与材料，并填入表 4—3—1 中。

表 **4—3—1** 装配 **PID** 控制磁悬浮电路所需工具与材料清单

序号	材料及工具名称	型号和规格	数量	备注
1				
2				
3				
4				
5				
6				
7				
8				

二、PID 控制磁悬浮电路的装配

1. 领取装配 PID 控制磁悬浮电路的套件及工具

（1）按表 4—3—1 所列清单领取、清点和检查装配 PID 控制磁悬浮电路所需工具与材料。

（2）领取 PID 控制磁悬浮电路套件，对照图 4—3—2 所示 PID 控制磁悬浮电路原理图和实物图，识别套件中各电子元器件的名称，分类清点元器件的数量，填写表 4—3—2 所列 PID 控制磁悬浮电路元器件清单。

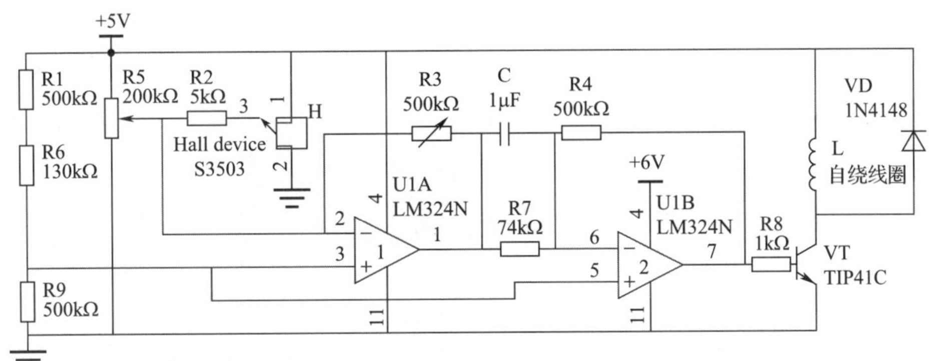

a）

b）

图 4—3—2

表 **4—3—2**　**PID** 控制磁悬浮电路元器件清单

序号	工位号	图形符号	元器件名称	型号或规格	数量	备注
1						
2						
3						
4						
5						

续表

序号	工位号	图形符号	元器件名称	型号或规格	数量	备注
6						
7						
8						
9						
10						
11						
12						
13						
14						
15						
备注						

2. PID 控制磁悬浮电路板预布局

以图 4—3—2a 所示原理图和图 4—3—3a 所示 PID 控制磁悬浮电路布局参考图为样板，确定核心器件的位置，然后用铅笔进行走线连接，绘制电路板预布局点阵图。

a）

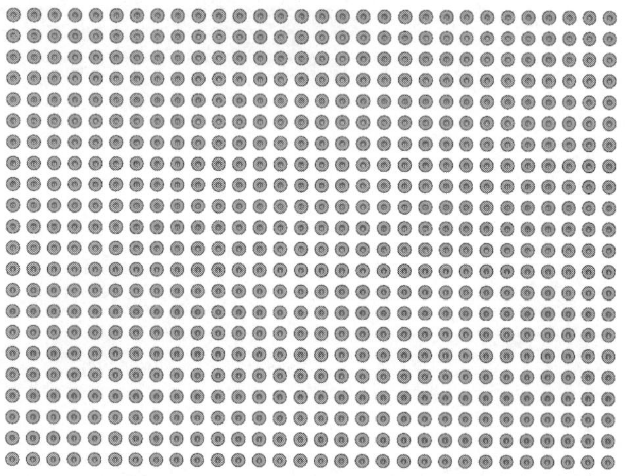

b）

图 4—3—3

a）布局参考图 b）预布局点阵图

3．检测元器件

按照电子产品生产工艺要求，进行元器件装配前首先要检测元器件功能的好坏（见表4—3—3），并对有质量问题的元器件做好标记。

表 **4—3—3**　主要元器件的检测

序号	检测内容	操作示意图	操作提示
1	精密电位器	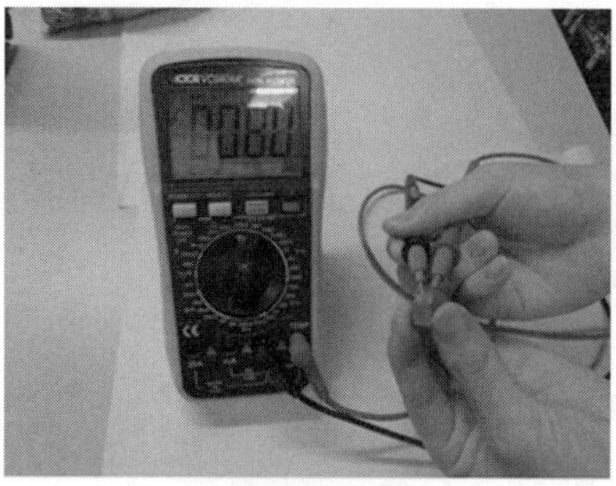 a） 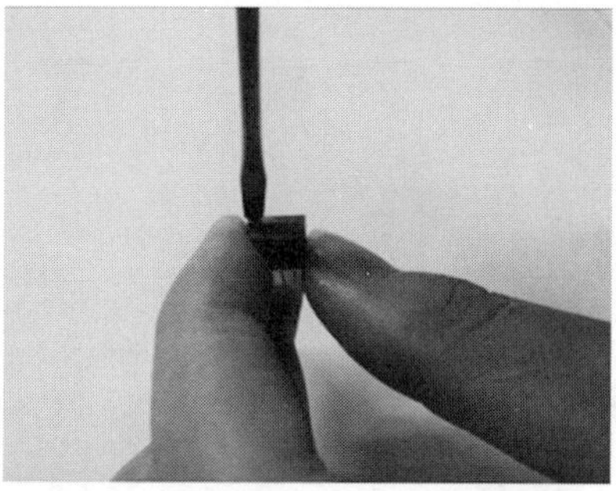 b） 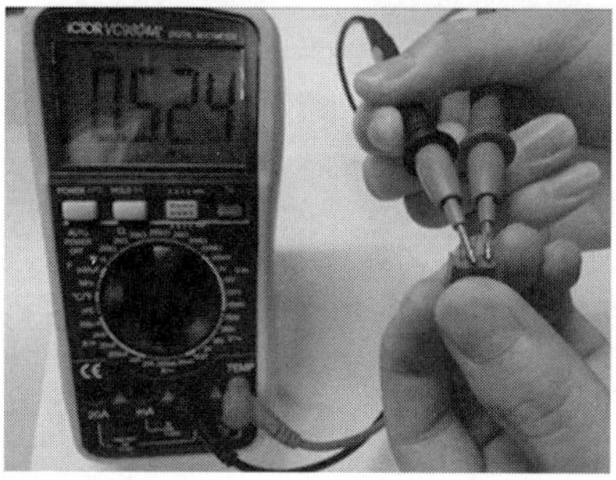 c）	测量精密电位器相邻两脚间的电阻，用旋具调节精密电位器上的调节旋钮，旋转一圈，再次测量精密电位器相邻两脚间的电阻，测得其精度为：精度 = $\left\| R_{旋转后} - R_{旋转前} \right\|$ = ________

续表

序号	检测内容	操作示意图	操作提示
2	霍尔传感器	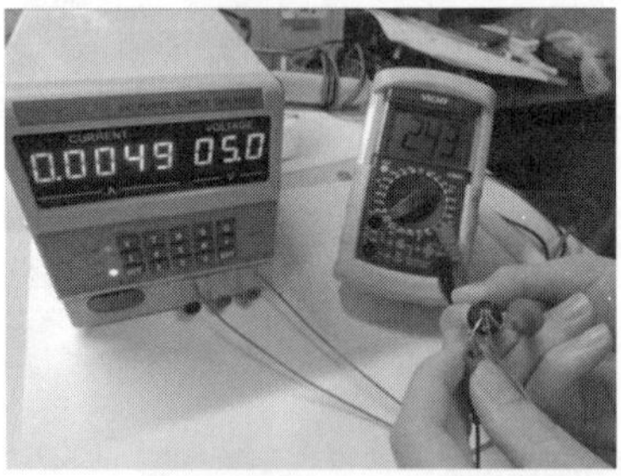 a) 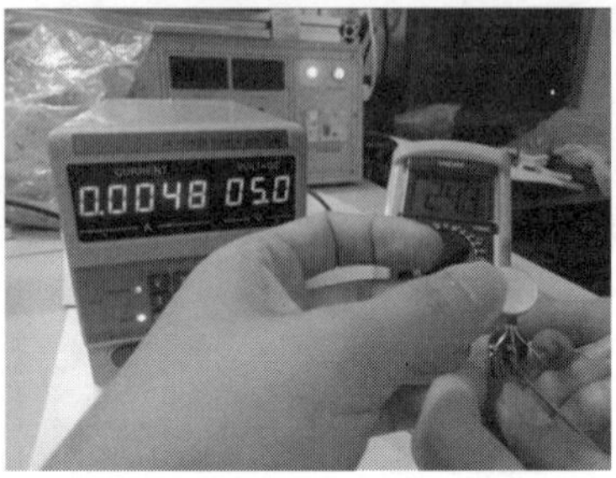 b)	根据学习活动 1 中查到的 S3503 的典型应用电路图，用稳压电源搭建相关测试电路，并用万用表测量霍尔传感器的输出电压，图示的输出电压是________ 然后将钕铁硼磁铁靠近霍尔传感器附近，观察万用表的读数变化，若有变化，则表示霍尔传感器是________（A. 好的 B. 坏的）
3	中功率三极管	 a) 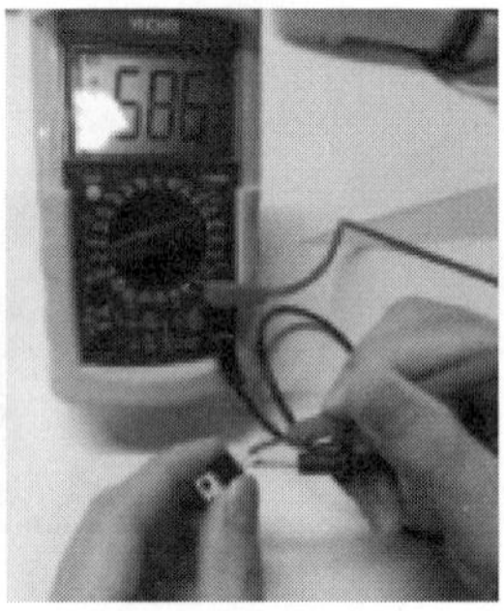 b) 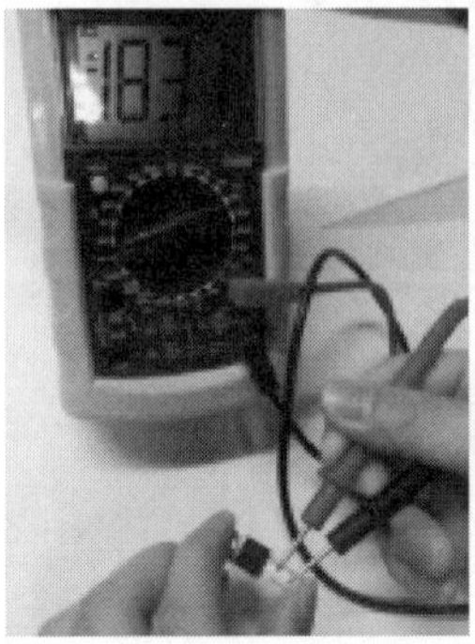 c) 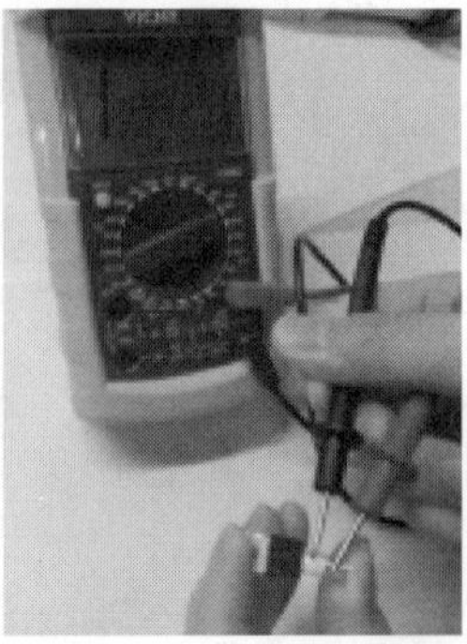 d)	查阅相关资料，结合左图说明如何利用万用表测量三极管的基极、发射极和集电极：________

续表

序号	检测内容	操作示意图	操作提示
4	涤纶电容器		用万用表的电容挡测量涤纶电容器的容值，测量结果显示电容器的容值是________（需加单位）

4. 自绕线圈

请将表 4—3—4 所列操作提示补充完整。

表 **4—3—4**　线圈绕制步骤

步骤	操作示意图	操作提示
1		使用手动绕线器绕制线圈前要进行什么操作？ ________________ ________________ ________________ ________________
2		将线圈骨架插到绕线轴上

续表

步骤	操作示意图	操作提示
3	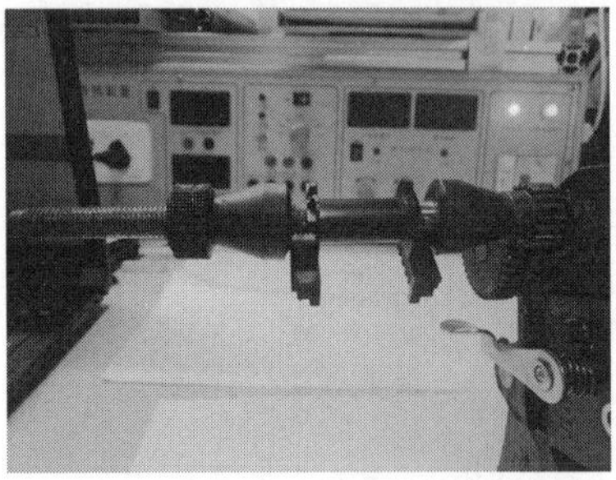	拧上固定器
4	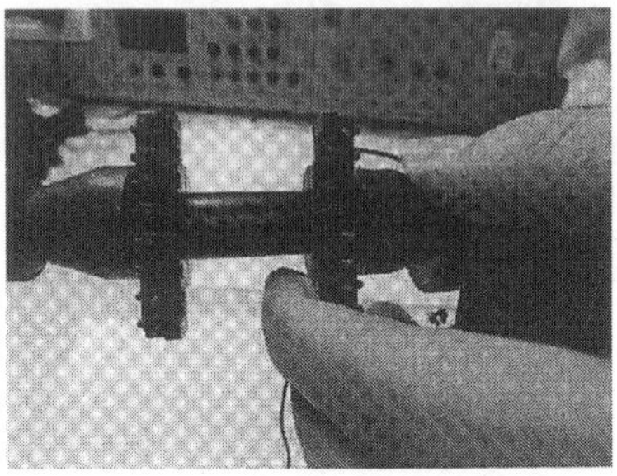	将漆包线绕制到骨架的夹线槽上，然后边绕手柄边放线，操作过程中应注意放线的均匀性
5		最后读出其线圈匝数为________

5. 装配电路板

（1）根据电子焊接工艺要求，按装配的先后顺序以数字形式对下面待装配的元器件进行编号。

精密电位器（　　）　电容器（　　）　接口端子（　　）　二极管（　　）

IC 芯片（　　）　霍尔传感器（　　）　散热片（　　）　三极管（　　）

线圈（　　）

（2）按电路板工艺要求完成 PID 控制磁悬浮电路的装配，并将表 4—3—5 中的相关内容补充完整。

表 **4—3—5**　**PID** 控制磁悬浮电路的装配

序号	装配步骤	操作示意图	操作提示
1	插装、焊接色环电阻器		安装色环电阻器的操作要点有： __________ __________ __________ __________ __________
2	插装、焊接二极管		在进行二极管插装时应注意二极管的______方向
3	插装、焊接 IC 芯片		安装 IC 插座时，应注意______ __________ __________ __________ __________
4	插装、焊接精密电位器	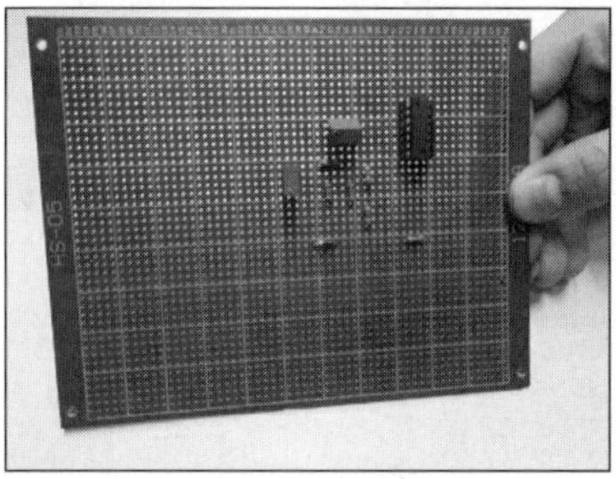	安装精密电位器时，应注意____ __________ __________ __________ __________ __________ __________

续表

序号	装配步骤	操作示意图	操作提示
5	安装散热片		安装中功率三极管的散热片时，应注意______________________________
6	插装、焊接三极管和霍尔传感器等		安装中功率三极管时，应注意______________________________
7	选取合适的焊锡，使用电烙铁对电路板进行焊接		使用电烙铁焊接时，应注意______________________________
8	插入软磁铁芯		将软磁铁芯插入线圈骨架时，应注意______________________________

6. 整机装配

（1）小组讨论装配 PID 控制磁悬浮电路时，哪些元器件需要安装散热片。

（2）如图 4—3—4 所示，霍尔传感器的正负极应接电路的哪端？霍尔传感器的传感面应放置在哪里？

图 4—3—4

（3）自绕线圈的电流输入端和输出端分别接在哪里？

（4）如图 4—3—5 所示为热熔胶枪，查阅相关资料，简述热熔胶枪的使用方法，并利用其固定霍尔传感器。

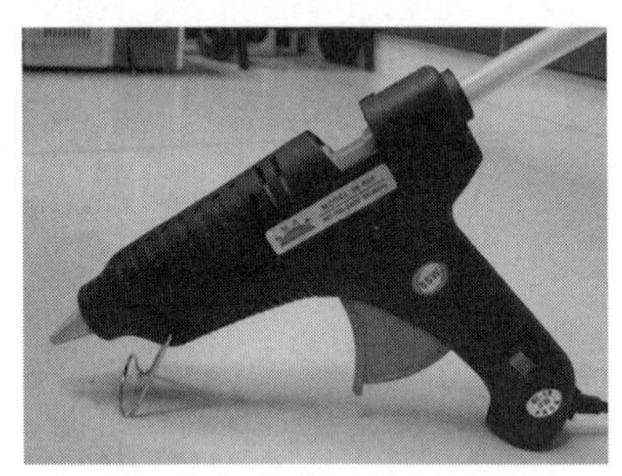

图 4—3—5

评价与分析

根据每个小组成员在本活动学习过程中的表现情况填写《学习任务过程性考核记录表》。

学习活动 4　PID 控制磁悬浮电路的调试与验收

学习目标

1. 能利用万用表等仪器仪表判断放大电路的线性放大区，并能调节精密电位器使电路处于合适的静态工作点。

2. 能使用万用表测量运算放大器的输出点电压和电流，调试出最佳电路参数，并记录关键点的电气特性。

3. 能正确填写 PID 控制磁悬浮电路的装配与调试测试报告，并完成交付验收工作。

4. 能就本次任务中出现的问题提出改进措施。

建议学时：12 学时。

学习过程

一、通电调试

1. 通电测试前，先用万用表测量电路输入接口电阻，小组讨论所测电阻在什么范围内才是正常的。

2. 查阅相关资料，说明什么是放大电路的线性区，什么是放大电路的非线性区。

3. 按照表 4—4—1 所列操作步骤进行 PID 控制磁悬浮电路的功能测试，并记录观察结果。

表 **4—4—1** **PID** 控制磁悬浮电路功能测试

序号	操作步骤	操作示意图	观察结果
1	调节霍尔传感器有效区域		通电测试，用万用表在线测量霍尔传感器的输出引脚，并用钕铁硼磁铁靠近霍尔传感器，观察读数变化，情况为________________________________
2	调节初级放大电压的静态工作点在线性区范围内		用万用表测量运算放大器的初级输出电压为________ 用万用表测量 LM324 第 1 引脚的读数为________
3	调节次级放大电压的静态工作点在线性区范围内		用万用表测量运算放大器的次级输出电压为________ 用万用表测量 LM324 第 7 引脚的读数为________

续表

序号	操作步骤	操作示意图	观察结果
4	将磁铁靠近霍尔传感器，在合适的平衡位置处调节初级和次级输出电压，让整个电路工作在线性区		调节精密电位器，将钕铁硼磁铁靠近霍尔传感器 S3503，测量运算放大器的次级输出电压，一直调到钕铁硼磁铁靠近时能直接引起万用表读数的线性变化
5	调节基准电位器 R3 和放大电位器 R5，慢慢观察磁铁，让其在空中的抖动为零		调节时要确保线圈水平，同时注意观察钕铁硼磁铁的抖动。首先调节基准电位器，让磁铁在空中悬浮，之后调节放大电位器，让其不再抖动

二、交付验收

1. 填写 PID 控制磁悬浮电路的技术参数报告。

技术参数报告

测试依据标准：企业标准。

模块名称：PID 控制磁悬浮电路　样板编号：＿＿＿＿＿＿

测试条件：温度为＿＿＿＿℃，湿度为＿＿＿＿% RH，正常大气压。

测试过程：通电并调节好钕铁硼强磁铁的位置，然后调节最优电路参数，反复测试 5 次，观察其模块的稳定度，并记录下关键参数和测试结果。

测试电路的关键参数：

序号	项目	采用值或调节值
1	电源电压	5 V
2	R3 的阻值	
3	R5 的阻值	

续表

序号	项目	采用值或调节值
4	漆包线线径	0.6 mm^2
5	漆包线圈数	422 圈
6	漆包线阻值	
7	强磁铁的质量	5 g
8	强磁铁的尺寸	ϕ100 mm（直径）×20 mm（高度）

测试过程指标及测试结果：

序号	项目	典型值	实测值	是否达标
1	霍尔传感器的输出电压	1.5～3 V		
2	正常工作时的电流	0.05～0.3 A		
3	LM324 第 1 引脚电压	0.7～2.0 V		
4	LM324 第 2 引脚电压	2.0～2.7 V		
5	LM324 第 7 引脚电压	2.3～3.2 V		

测试结论（模块能否实现工作情境描述中的功能或性能指标）：

检验人： 校核人：

检验日期： 校核日期：

2. PID 控制磁悬浮电路的交付与验收。

(1) 按表 4—4—2 所列 PID 控制磁悬浮电路验收标准进行验收并评分。

表 4—4—2 **PID** 控制磁悬浮电路验收标准及评分表

序号	验收项目	验收标准	配分（分）	项目负责人评分	备注
1	元器件安装	符合万能板元器件工位要求，布局合理，精密电位器、二极管、电阻器、三极管和霍尔传感器无极性或者方向错误，IC 芯片无方向错误，无少装现象。不合格，每处扣 1 分	20		

续表

序号	验收项目	验收标准	配分（分）	项目负责人评分	备注
2	元器件焊接	焊点圆润、光滑，焊接时间恰当，成形好，无毛刺，无拉尖，无虚焊、漏焊和损坏元器件现象。不合格，每处扣 1 分	20		
3	整机装配质量	线圈安装正确，电源导线与电路连接正确，无极性错误，外观整洁、美观。不合格，每处扣 2 分	20		
4	整机功能测试	通电后能正常工作，电路发热正常，当磁铁受到微扰时，电路能正常工作。不合格，每处扣 2 分	20		
5	PID 控制磁悬浮电路调试	能正确使用仪器仪表测试电路中关键点的电气参数，能排除简单故障，正确调试 PID 控制磁悬浮电路。不合格，每处扣 2 分	20		
项目负责人对 PID 控制磁悬浮电路的验收评价成绩					

（2）记录验收过程中存在的问题，小组讨论解决问题的方法，并填入表 4—4—3 中。

表 4—4—3　　验收过程问题记录表

序号	验收中存在的问题	改进和完善措施	完成时间	备注
1				
2				
3				
4				
5				

（3）PID 控制磁悬浮电路验收结束后，整理材料和工具，归还领用物品，并填写 PID 控制磁悬浮电路交付清单，见表 4—4—4。

表 **4—4—4** **PID** 控制磁悬浮电路交付清单

<table>
<tr><td>任务名称</td><td colspan="3"></td><td>接单日期</td><td></td></tr>
<tr><td>工作地点</td><td colspan="3"></td><td>交付日期</td><td></td></tr>
<tr><td rowspan="2">三方评价结果
（百分制）</td><td>自我评价</td><td>小组评价</td><td>项目负责人评价</td><td rowspan="2">验收结论
（百分制）</td><td rowspan="2"></td></tr>
<tr><td></td><td></td><td></td></tr>
<tr><td colspan="6">材料及工具归还清单</td></tr>
</table>

序号	材料及工具名称	型号和规格	数量	备注
1				
2				
3				
4				
5				
6				
7				
8				
项目负责人（签名）		年 月 日	团队负责人（签名）	年 月 日

三、整理工作现场

按生产现场管理 6S 标准，整理工作现场，清除作业垃圾，关闭现场电源，经指导教师检查合格后方可离开工作现场。

评价与分析

根据每个小组成员在本活动学习过程中的表现情况填写《学习任务过程性考核记录表》。

学习活动 5　工作总结与评价

学习目标

1. 能按分组情况，派代表展示工作成果，说明本次任务的完成情况，并做分析总结。

2. 能结合任务完成情况，正确规范地撰写工作总结（心得体会）。

3. 能对学习与工作进行反思总结，并能与他人开展良好合作，进行有效沟通。

建议学时：4 学时。

学习过程

一、个人、小组评价

以小组为单位，选择演示文稿、展板、海报、视频等形式中的一种或几种，向全班展示、汇报制作成果。在展示的过程中，以小组为单位进行评价；评价完成后，根据其他小组成员对本组展示成果的评价意见进行归纳总结。

二、教师评价

认真听取教师对本小组展示成果优缺点以及在完成工作过程中出现的亮点和不足的评价意见，并做好记录。

1. 教师对本小组展示成果优点的点评。

2. 教师对本小组展示成果缺点以及改进方法的点评。

3. 教师对本小组在整个任务完成过程中出现的亮点和不足的点评。

三、工作过程回顾及总结

1. 总结完成 PID 控制磁悬浮电路装配与调试任务过程中遇到的问题和困难，列举 2 ~ 3 点你认为比较值得和其他同学分享的工作经验。

2. 回顾本学习任务的工作过程，对新学专业知识和技能进行归纳和整理，写一篇字数不少于 800 字的工作总结。

工 作 总 结

评价与分析

按照客观、公正和公平原则，在教师的指导下按自我评价、小组评价和教师评价三种方式对自己或他人在本学习任务中的表现进行综合评价。综合等级按 A（90～100）、B（75～89）、C（60～74）、D（0～59）四个级别进行填写，见表 4—5—1。

表 4—5—1　　学习任务综合评价表

考核项目	评价内容	配分（分）	评价分数		
			自我评价	小组评价	教师评价
职业素养	劳动保护用品穿戴完备，仪容仪表符合工作要求	5			
	安全意识、责任意识、服从意识强	6			
	积极参加教学活动，按时完成各项学习任务	6			
	团队合作意识强，善于与人交流和沟通	6			
	自觉遵守劳动纪律，尊敬师长，团结同学	6			
	爱护公物，节约材料，管理现场符合 6S 标准	6			
专业能力	专业知识扎实，有较强的自学能力	10			
	操作积极，训练刻苦，具有一定的动手能力	15			
	技能操作规范，注重安装工艺，工作效率高	10			

续表

考核项目	评价内容	配分（分）	评价分数		
			自我评价	小组评价	教师评价
工作成果	产品装配符合工艺规范，产品功能满足要求	20			
	工作总结符合要求，产品制作质量高	10			
总分		100			
总评	自我评价 ×20% + 小组评价 ×20% + 教师评价 ×60% =	综合等级	教师（签名）：		

附表

学习任务过程性考核记录表

任务名称：__________ 学习地点：__________ 学习时间：____年__月__日起至____年__月__日止

班级名称：__________ 团队名称：__________ 组长：__________ 教师：__________

序号	姓名	岗位名称	劳动组织纪律														职业道德与素养								专业知识与技能			
			早训	午训	迟到	早退	旷课	请假	零食	打闹	睡觉	离岗	游戏	闲聊	工具	卫生	仪表	礼仪	安全意识	服从意识	责任意识	态度	展示	6S	学习笔记	产品工艺	技能训练	工作页质量
1																												
2																												
3																												
4																												
5																												
6																												

记录说明：（1）早训、午训：指做操时迟到、早退或缺席；（2）迟到、早退和旷课：指上课期间考勤记录情况；（3）工具：指上课不带学习或实训工具以及工具不齐；（4）卫生：指所打扫工作台或实训室卫生不达标；（5）仪表：指不穿工装、不戴校牌、染发、必要时不戴工作帽等；（6）礼仪：指不按要求问好、不尊重教师、说脏话等；（7）安全意识：指乱动实训设备、电源，违章作业等；（8）服从意识：指不听教师或管理人员安排工作，顶撞或威胁他人；（9）责任意识：指做事不认真、敷衍了事，不爱护或损坏公物，浪费实训材料等；（10）态度：指不积极、不主动参加各种教学活动，没有团队精神等。

注：劳动组织纪律各项用“正”字的“一”表示违纪 1 次或旷 1 节课，职业道德与素养以及专业知识与技能分优、良、中、及格、不及格五等，分别用 A、B、C、D、E 进行标注。